"十二五"国家重点图书出版规划项目

空间研究丛书 段 进 主编

高铁时代的空间规划

The Transformation of Spatial Planning in the High-Speed Railway Age

段 进 著

U0380098

东南大学出版社
SOUTHEAST UNIVERSITY PRESS

南京·2016

内容提要

高铁时代正在渐渐到来。作为一种区域间的交通工具，高铁给人们带来了交通出行规律的变化，这些变化从区域城市到站点地区对城市发展和社会使用产生了重要作用。传统的规划设计方法已经不能有效应对高铁时代的变化，从而产生了高铁周边地区的"空城""鬼城"现象或空间使用低效率问题，更不能以高效为契机，促进城市的良性发展。笔者通过国内外的理论研究和亲身实践的十多个站点地区的规划设计，结合指导博士生、硕士生的实证研究对以上内容进行了深入的探讨，提出了高铁时代空间规划的新思维、新方法和新空间。本书共分6章，从区域、城市和站点三个层面展开论述，将规律研究和规划设计相结合、国际经验与中国实践相结合，内容系统全面、层层深入。

本书适合从事城乡规划、城市地理、建筑学、交通设计、城市管理及相关领域的人士阅读，也可作为高等院校相关专业的选修课教材和教学参考书。

图书在版编目（CIP）数据

高铁时代的空间规划 / 段进著 .—南京：东南大学出版社，2016.9

（空间研究丛书 / 段进主编）

ISBN 978-7-5641-6440-9

Ⅰ .①高… Ⅱ .①段… Ⅲ .①高速铁路 – 城市规划 –空间规划 Ⅳ . ① U238 ② TU984.11

中国版本图书馆 CIP 数据核字（2016）第 067759 号

书　　名：高铁时代的空间规划
著　　者：段　进
责任编辑：孙惠玉　徐步政　　　　邮箱：894456253@qq.com

出版发行：东南大学出版社　　　　社址：南京市四牌楼 2 号（210096）
网　　址：http://www.seupress.com
出 版 人：江建中

印　　刷：南京精艺印刷有限公司　　排版：南京新洲制版有限公司
开　　本：787mm×1 092mm　1/16　印张：8.75　字数：224 千
版 印 次：2016 年 9 月第 1 版　2016 年 9 月第 1 次印刷
书　　号：ISBN 978-7-5641-6440-9　　定价：59.00 元

经　　销：全国各地新华书店　　发行热线：025-83790519　83791830

空间研究的内容很广泛，其中人与其生存空间的问题是涉及城乡空间学科和研究的基本问题。在原始社会，这个问题比较简单，人类与其生存空间的主要关系仅发生在相对隔离的族群与自然环境之间，因此古代先民与生存空间的关系直接体现为聚落社会与具有"自然差异"的空间的相互关系，人类根据需求选择适合生存的自然空间。随着技术的进步和社会的发展，这种主要关系不断发生变化。技术的进步使改造自然成为可能，自然界的空间差异不再举足轻重；而劳动分工使社会群体内部以及社会群体之间的相互依存性和差异性得以强化。因此，人们普遍认为，现代人类生存空间最重要的是空间的"社会差异"，而不再是空间的"自然差异"；同时，现代人与生存空间的主要关系也不再是人与自然界的关系，而变成了人与人之间的关系。现代人的生活时时刻刻处于社会的空间之中，这种转变将自然的、历史的、文化的、政治的、经济的等各种力量交织在一起，人与生存空间的关系变得错综复杂。

现代人与生存空间的这种复杂关系，使我们很容易产生这样的判断，即：空间本身不再重要，空间的形态与模式只是社会与经济的各种活动在地域上的投影。这个判断受到了普遍的认同，但却带来了不良的后果。在理论研究方面，空间的主体性被忽视，研究的方法是通过经济和社会活动过程的空间落实来解析空间的形式，空间的研究被经济的和社会的研究所取代，客观上阻碍了对空间自身发展规律的深入探讨。由此导致了一系列的假定：空间使用者是"理性的经济人"；空间的联系是经济费用的关系；经济是城市模型的基础；空间的结构与形态就是社会与经济发展的空间化；人类的行为是经济理性和单维的，而不是文化和环境的；物质空间形态，即我们所体验和使用的空间，本身并不重要，等等。不可避免，根据这样的假定所建立的空间是高度抽象的，忽视了空间的主体性，也与现实中物质空间的使用要求相去甚远，并且由于缺乏对空间发展自身规律的认识，以及对空间发展与经济建设、社会发展的关系研究等，城市规划学科的空间主体性与职业领域变得越来越模糊，越来越失去话语权。在城市建设实践中，空间规划的重要性不能受到应有的重视。理论上学术界的简单判断，为社会、经济规划先行的合理性提供了理论依据，导致了空间规划在社会发展、经济建设和空间布置三大规划之中的被动局面，空间规划只能于社会发展与经济建设规划后实施落实。最终，空间规划与设计不能发挥应有的作用，空间规律得不到应有的重视，在城乡建设实践中产生许多失误。

因此，人与其生存的空间究竟是什么关系，简单的社会与经济决定论不能令人满意，并有可能产生严重的后果。尽管在现代社会中，社会与经济的力量在塑造生存空间中起着重要作用，但我们决不能忽视空间本身主体性和规律性的作用。只有当我们"空间"地去思考社会发展和经济发展，达到社会、经济和空间三位一体、有机结合时，人类与其生存的空间才能和谐、良性地发展。这就需要我们进行空间研究，更好地了解空间，掌握规律。

需要进行研究的空间问题很多，在空间发展理论方面，诸如：什么是空间的科学发展观；空间与社会、经济的相互关系；空间发展的影响因素和作用方式；空间发展的基本规律；与之相对应的规划设计方法论；等等。在空间分析方面：空间的定义与内涵是什么；空间的构成要素是什么；空间的结构如何解析；人们如何通过空间进行联系；如何在空间中构筑社会；建成的物质空间隐含着什么规律；空间的意义、视觉和行为规范的作用；采取什么模型和方法进行空间分析；等等。在空间规划与设计方面：什么是正确的空间规划理念；空间的规律如何应用于规划设计；规划与设计如何更有效地促进城市发展和环境改善；规划与设计的方法与程序如何改进；等等。

这些问题的探讨与实践其实一直在进行。早在19世纪末20世纪初，乌托邦主义者和社会改革派为了实现他们所追求的社会理想，就提出通过改造原有的城市空间来达到改造社会的目的。霍华德的"田园城市"、柯布西耶的"光明城市"和赖特的"广亩城市"是这一时期富有社会改革精神的理论与实践的典型。二战后，由于建设的需要，物质空间规划盛行，城市规划的空间艺术性在这期间得到了充分的展现。同时，系统论、控制论和信息科学的兴起与发展为空间研究提供了新的分析方法，空间研究的数理系统分析与理性决策模型出现，并实际运用于控制和管理城市系统的动态变化。这期间，理性的方法使人们认为空间规律的价值中立。随后，20世纪60年代国际政治环境动荡，民权运动高涨，多元化思潮蓬勃发展，出现了大量对物质空间决定论的批判。尤其是20世纪70年代，新马克思主义学派等左派思潮盛行，它们对理想模式和理性空间模型进行了猛烈的抨击，认为在阶级社会中，空间的研究不可能保持价值中立，空间研究应该介入政治经济过程。空间规划实践则成为一种试图通过政策干预方式来改变现有社会结构的政治行动。这促使20世纪70年代末空间规划理论与实践相脱离，一些理论家从空间的研究转向对政治经济和社会结构的研究。空间研究的领域也发生了很大的变化，它逐渐脱离了纯物质性领域，进入了社会经济和政治领域，并形成了很多分支与流派，如空间经济学、空间政治经济学、空间社会学、空间行为学、空间环境学，等等。进入20世纪80年代，新自由主义兴起，政府调控能力削弱，市场力量的重新崛起，促使空间公众参与等自主意识受到重视。20世纪90年代，全球化、空间管治、生态环境、可持续发展等理论思潮的涌现，使空间研究呈现出更加多元化蓬勃发展的局面。空间研究彻底从单纯物质环境、纯视觉美学、"理性的经济人"等的理想主义思潮里走出来。20世纪空间研究的全面发展确定了现代城市空间研究的内涵是在研究了社会需求、经济发展、文化传统、行为规律、视觉心理和政策法律之后的综合规律研究和规划设计应用。空间研究包含了形态维度、视觉维度、社会维度、功能维度、政策维度、经济维度等多向维度。空间的重要性也重新受到重视，尤其在20世纪末，全球社会与人文学界都不同程度地经历了引人注目的"空间转向"。学者们开始对人文生活中的"空间性"另眼相看，把以往投注于时间和历史、社会关系和社会经济的青睐，纷纷转移到空间上来。这一转向被认为是20世纪后半叶知识和政治发展的最重要事件之一。

尽管空间研究的浪潮此起彼伏，研究重点不断转换，但空间的问题一直是城市规划学科的核心问题。从标志着现代意义城市规划诞生的《明日的田园城市》开始，城市规划从物质空间设计走向社会问题研究。经过一百余年的发展，西方现代城市规划理论在宏观整体上发生过几次重大转折，与城市规划核心思想和理论基础的认识相对应的是从物质规划与设计发展为系统与理性过程再转入政治过程。经历了从艺术、科学到人文三个不同发展阶段和规范理论、理性模式、实效理论和交往理论的转变，城市规划师从技术专家转变为协调者，从技术活动转向带有价值观和评判的政治活动。但从开始到现在，从宏观到微观城市规划始终没有能够离开过空间问题。不管城市规划师的角色发生什么变化，设计者、管理者、参谋、决策精英还是协调者，城市规划师之所以能以职业身份担任这些角色并具有发言权，是因为规划师具有对空间发展规律、对规划技术方法、对空间美学原理的掌握。只有具有了空间规划方面的专门知识，才可以进行城市规划的社会、经济、环境效益的评估，才能够进行规划决策的风险分析和前瞻研究，才能够真正地或更好地发挥规划师的作用。现代城市规划的外延拓展本质上是为了更完整、更科学地掌握空间的本体和规律，通过经济规律、社会活动、法律法规、经营管理、政治权力、公共政策等各种途径，更有效、更公平、更合理地进行空间资源配置和利用，并规范空间行为。城市规划的本体仍是以空间规划为核心，未来城市规划学科的发展方向也应是以空间为核心的多学科建设；目前中国城市化快速发展阶段的实践需求更应如此。

在国内，空间研究一直在不同的学科与领域中进行，许多专家学者在不同的理论与实践中取得了重要成果。多年来，在东南大学从建筑研究所到城市规划设计研究院，我们这个小小的学术团队一直坚持在中国城市空间理论与城市规划设计领域开展研究工作。我们将发展理论与空间研究相结合，首先提出了在我国城乡建设中城市空间科学发展观的重要性和城市发展七个新观念（《城市发展研究》，1996-05）；提出了城市空间发展研究的框架和基本理论，试图以空间为主体建立多学科交叉整合的研究方法（《城市规划》，1994-03）；出版了《城市空间发展论》和《城镇空间解析》等专著。我们先后完成国家自然科学基金重点项目、国家自然科学青年基金、国家自然科学基金面上项目、回国人员基金以及部省级科研等十多项有关城市空间的科研课题，同时结合重要城市规划与设计任务进行实践探索。在这些研究、实践与探索过程中，我们取得过一些成绩，曾获得过国家教委科学技术进步一等奖、二等奖，国家级优秀规划设计银质奖，部省级优秀规划设计一等奖多项，在市场经济竞争环境中，在许多重要国际、国内规划与设计竞赛中获第一名。同样，我们也面对着很多研究的困惑与挫折，实践与研究的失败与教训。我们希望有一个交流平台，使我们的研究与探索引起更多人的关注，得到前辈、同行和关注者的认同、批评和帮助；我们也需要通过这个平台对以往的研究探索进行总结、回顾与反思；我们更希望通过它吸引更多的人加入空间研究这个领域。

2005 年东南大学城市空间研究所的成立为该领域的研究和探索组成了一个新的团队，这个开放性的研究所将围绕空间这个主题形成跨学科的研究，不分年龄、不分资历、不分学派、不分国别，吸纳各种学术思想，活跃学术氛围，开拓学术领域，深化研究成果，共同分享空间研究探索的苦乐。这套系列丛书正是我们进行学术研究与探索的共享平台，也是我们进行交流、宣传、争鸣和学习的重要窗口。

段进

2006 年 5 月 8 日于成贤街

前言

本书的写作酝酿了很久。最初的念头始于 2009 年，当时我带领团队先后在苏州、徐州、武汉、济南、南京、蚌埠、常州等多个高铁站点地区规划设计方案的征集中获胜，并受托进行了几个站点地区的深化设计工作。在这些规划设计的实践中，我们深刻地认识到，对于高铁这一新鲜事物，规划设计者不仅应关注物质空间的塑造，更应进行高铁客观发展规律的研究与宣传。无论是规划设计本身，还是沟通宣传都需要我们进行理论与方法的探索，由此形成了本书的初衷。这期间我的博士生和硕士生们开展了"高铁对城市空间发展的影响效应：国际经验及长三角地区的实证""国外高铁枢纽地区交通接驳系统空间布局研究""高铁枢纽地区的城市功能发展研究"等多方面的理论与实证研究。本书的成稿与这些广泛的实践探索与理论研究的基础工作密不可分。要感谢我们团队的邵润青、季松、刘红杰、薛松、张麒、张倩、陈晓东、李亮、仇月霞等的共同努力与贡献，还有以高铁为研究方向的博士生殷铭、汤普及硕士生赵微、马睿等，以及为本书部分插图作修改完善的吴迪、仇婧妍同学。

本书的写作过程中，随着多条高铁的开通与使用，问题也渐渐开始呈现，社会反响强烈。站点地区的交通拥堵、乘客的换乘不便、重形象轻功能，尤其是站点地区的建设与人们的预期相差甚远，"空城""鬼城"现象受到普遍质疑。这既有规划设计不尊重客观规律的失误，也有城市发展逐步形成的时序问题，这些均需要认真地加以区别研究与对待，也需要引起我们的反思。

但与此同时，我们坚信高铁时代已渐渐到来。各地的出行方式已发生了根本改变，"1 小时都市圈"已逐步形成，长距离的通勤观念与新的工作方式也慢慢地在呈现。高铁作为一种客观存在，必将通过高铁网络和站点设置对中国城市的空间发展产生深远的影响。城市规划应如何应对？应改变哪些传统的规划思路？这是当代中国城市规划师与设计师所面临的重要课题。要回答这些问题，需要深刻认识和理解高铁会对人们的行为和城市发展产生什么样的影响，这些影响在区域宏观、城市中观和站区、站点微观不同层面发挥了怎样的作用。在对以上问题研究的基础之上，将产生高铁时代城市规划的新思维、新方法与新空间。

希望本书能促进行业一起用更科学或者说更妥当的形式进行高铁时代的空间规划设计，也希望本书能提供给设计师、决策者、研究者们一些他们所需要的信息。在新一轮的高铁建设中，在结合国际发展经验和当前城市发展转型的同时，强调依赖于当地各种各样的不同条件，更加理性且又有特色地塑造高铁时代的新空间。

段进

2016 年 3 月 29 日于成贤街

1 中国高铁建设与未来发展

1.1 中国高铁的建设现况与长远规划

城市的历史发展表明，一个地区或城镇在国家交通体系中的地位将影响它的发展前景。中国大型基础设施高铁和城际铁路网特别是其枢纽和站点的布局与建设，必将影响到区域城乡空间的宏观格局与功能体系以及城镇本身的发展变化。

2004 年 1 月国务院常务会议讨论并原则通过的《中长期铁路网规划》是中国高铁发展历程中的一个里程碑。中国的高铁网络既包括长距离的、贯穿全国的高铁，即"四横四纵"，也包括区域级城际铁路。

根据国务院批准的《中长期铁路网规划》，从 2006 年到 2010 年，中国将总体投资 1.25 万亿元人民币，新增 17000km 铁路新线，其中客运专线 7000km，主要有京沪、京广、京哈、沈大、陇海等线，列车时速为 200km 以上，其中时速 300km 以上的高铁有 5457km，还有京津、沪宁、沪杭、宁杭、广深、广珠等相临大城市之间的城际轨道交通系统。如此庞大投资规模的高铁与城际铁路建成后，中国的高铁数量将远远超过世界领先的法国、日本和德国。2008 年 11 月，中国正式发布《中长期铁路网规划（2008年调整）》，预示着高铁时代的开始。

至 2010 年底，中国高铁首先连接了若干城镇群和经济人口等发达地区的城际高铁，如以沪宁、沪杭以及宁杭城际铁路形成的网络等，开通的新建高铁路程已达到 7055km，并计划在两年内增加至 12000km。

尽管如此，在中国，铁路仍然是一个相对稀缺的资源。截至 2010 年，中国所拥有的铁路运营长度为 91000km。铁路运营（包括客运以及货运）密度为每一千平方千米是 947.9km，人均长度为每一千人 6.6 km。这一数值远远低于其他国家（表1-1）。因为基础设施的严重不足，从 2001 年至 2010 年，中国的铁路客运量年均增长率为 5.3%，年均国民生产总值（GNP）增长率为 10.7%，公路客运量增长率为 9.0%，国内航空业增长率为

表 1-1　主要国家铁路路网密度一览

国家	铁路网长度 （km）	铁路网密度 （km/1000km²）	人均长度 （km/千人）
中国	91000	947.9	6.6
美国	272812	2910.7	94.1
俄罗斯	85542	500.2	58.2
印度	63312	2128.3	6.3
日本	20020	5299.1	15.8
德国	36044	10110.5	43.9
英国	17052	6988.5	28.8
法国	29269	5321.6	48.5

31.5%。铁路在公共客运市场中的份额从 36.2% 降低至 31.5%，而航空业和公路运输业所占比例分别为 14.5% 和 54%[①]。另外一个问题是现在的铁路网络是客运与货运共享，巨大的客运压力使得货运的效率相当低。因此，建设客运专线，解决出行压力，减少出行时间，增加区域联系，利用传统铁路发展货运已成为建设高铁的重要原因。

交通流量促进交通系统的整合。就人均国民生产总值而言，中国高铁的建设处于发展水平较低阶段，未来中国的高铁客流仍有巨大的增长潜力。这也是今后经济与城市化的发展需求。

规划从 2010 年起至 2040 年，用 30 年的时间，将全国主要省市区连接起来，形成国家网络大框架。考虑现实——线路东密西疏，照顾西部——站点东疏西密。所有高铁线路的规划和建设全部由中央政府集中组织实施，建成后的营运交中国高铁公司集中管理。

2015 年，中国大陆铁路完成固定资产投资 8238 亿元，投资新线达 9531km，其中高铁就有 3306km。目前中国大陆的高铁营运里程超过 1.9 万 km，居世界第一位，占世界高铁总里程的 60% 以上，与其他铁路共构的快速客运网可基本覆盖 50 万人口以上城市（图 1-1）。

中国铁路总公司（简称中国铁总）于 2015 年 1 月 17 日召开工作会议，其总经理盛光祖表示，2016 年铁路完成固定资产投资将达 8000 亿元，其中客运量年增 10%，货运量年增 2%。中国的高铁时代已经取得了实质性的进展，并且走在了世界的前列。

1.2　发展过程中的城市建设问题

讨论高铁对中国城市发展的影响不能忽视中国城市建设在高铁发展过程中所处的时代特征。不可否认，高铁对于中国城市建

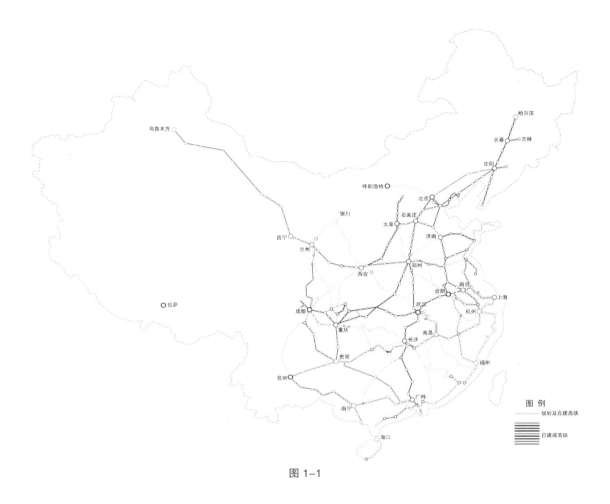

图 1-1

图例

—— 规划及在建高铁

▤ 已建成高铁

设来说是个新鲜事物，在应对过程中出现了一些问题和困惑。高铁建设初期，正逢中国城镇化率加速上升的后期，这个时期的城市仍有很强的向外扩张需求，加上对高铁会给不同城市带来的空间效益差异性认知甚少，造成了盲目追求高铁新城、高铁新区的错误倾向。

从发展过程来看，与欧洲、日本、韩国等国家以及中国台湾地区建设高铁的时代不同，中国大陆地区开始高铁建设时仍处于快速城镇化的上升阶段。相比之下，日本（1964 年）修建世界上第一条高铁时的城镇化率约为 45%，而其后意大利从罗马到佛罗伦萨的高铁（1977 年）、法国的高铁系统（TGV）（1981 年）、从比利时布鲁塞尔到法国的高铁（1994 年），以及英国等其他国家高铁开建时的城市化率都在 65% 以上。

按照国际所标定的 250km/h 时速标准，2003 年所建的秦皇岛—沈阳客运专线是中国的第一条高铁。当时城市化率为 40.53%，城镇人口为 52376 万人，到 2013 年城市化率达到 53.73%，城镇人口为 73111 万人，这说明在 10 年内新增了 2 亿多城镇人口。城市

图 1-1　2015 年高铁线路规划图

建成区面积也在不断扩大，据中国社会科学院发布的《中国城市发展报告（2009）》显示，2001—2007年，地级以上城市市辖区建成区面积增长70.1%。这些特征与背景都反映在城市规划对高铁站点的选址以及周边地区的规模和功能定位之中，形成了许多高铁新城与高铁新区的发展目标。但对高铁会给不同城市带来空间效益的差异性认知不足，一些城市不顾高铁与城市发展的互动规律以及城市所处的不同发展阶段和地理环境特征、区域经济地位作用等，一味盲目追求高标准、大规模，造成了目前许多空城现象。尤其是2013年城镇化率已超过50%，扩张型发展的势头由于土地、经济、政策和拆迁等多方面的原因正在减弱，内部空间结构整合与更新的动力在加强，城市面临着日益严峻的城市发展转型要求。同时，快速增长的中国城市呈现出越来越多的城市问题，如人居环境的不断恶化、交通拥堵和城市特色的丧失等。在产业发展上，经过三十多年的改革开放，中国已经成为世界上最大的制造业基地，但是不断提高的劳动力成本、日益减少的土地资源等使得这种发展方式难以为继，产业升级与转型的压力不断凸显。在城市发展空间上，随着城市规模的持续扩张，传统的蔓延式扩张难以为继，城市发展面临着转型。城市规划应从注重速度转向注重质量，从单中心转向多中心，从追求扩张转向提升内涵。早期的高铁新城、新区成为空城、鬼城，站点地区发展不力、重形象轻功能、旅客使用不便等已普遍受到批评。当前新一轮高铁建设面临着新的城市发展环境，如何总结经验，处理好高铁时代的城市规划和建设成为城市规划学科发展与城市规划设计实践的重要课题。

1.3　中国高铁建设的本土特点

中国高铁的发展在许多方面，如高铁规划的线路、建设的速度、设站的特点、自上而下的体系、用地与管理方式等都具有明显的本土特点。

日本、法国、德国、中国开通第一条高铁后，在10年内均保持总长度在500km左右。不过日本、法国、德国在第一条线路建成后的7—8年才建设第二条，长度在200km左右，而中国在第一条线路开通的5年后即开展大规模高铁建设，目前高铁的通车里程达1.9万km。

目前，总体而言，日本、欧盟和中国是高铁网覆盖最多的区域，在规划设计过程中都考虑过将高铁系统融入已有铁路系统，但所采取的方式有所不同。一种是以法国的TGV为代表的兼容旧系统的思路，由于老车站的城市区位和市内的交通接驳较好，高铁之外的其他交通接驳体系改造成本低，能将高速列车真正融入老系统、老车站，缺点是高铁在信号等系统方面需两套配置，加上有些地方需要扩容改造，成本较高。另一种思路是建立独立系统，不兼容旧有铁路，日本新干线、西班牙高铁体系都是采取这种体系，该体系相对独立，技术上容易，成本低。中国是根据实际情况，采用综合以上两种思路的方法，将部分可利用度高的已有铁路改造成为动车组系统，另外新建相对独立的高铁系统，与原有的铁路系统不兼容，并重点考虑与未来的更新技术衔接做好准备。

相关研究认为，人口达 40 万人以上的城市可以支撑高铁的发展。因此，中国提出的中长期铁路发展规划是以连接所有 50 万人口以上的城市为目标，这是一张庞大的高速铁路网（图 1-2）。

高铁的规划与建设基本上都是在国家、政府干预下进行的。除了德国和中国台湾地区以纯铁路市场回报为主外，其他都是高铁与相关城市发展的互动，希望是国家和地区在规划建设高铁的同时，地方上对高铁的相关土地和城市内部交通的接驳同步进行规划建设，从而在这些过程中形成协调互补的关系。

在设站的选址上，将高铁站置于尚待进一步发展的新区，期望以高铁站带动新区发展。这种模式在日本、欧洲很少见。中国尚处于城镇化快速发展、城市快速扩张的前期，采用该模式有一定的道理，拆迁困难少，同时还可以带动新区人气，但同时应认

图 1-2　中长期铁路网规划图（2008 年调整）

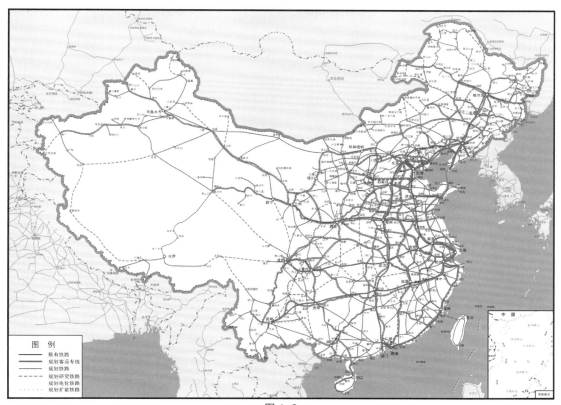

图 1-2

识到有无高铁站并不是促成一个区域发展的充分条件。例如，温州站比温州龙湾国际机场到市中心还远，台湾地区也有类似的做法，目前的许多事实证明不是每个有了高铁站的城市新区都能发展起来。

在管理体制上，中国高铁站的管治是内外分离的，造成了空间的使用与设计问题。这种体制上的问题，造成了站区土地使用的浪费，甚至使站内不能经营商业服务网点，而许多高铁站用地的权限封闭管理又形成对站点两边城市的空间阻隔。

1.4 高铁时代空间规划应关注的核心问题

高铁将通过高铁网络和站点设置对中国城市的发展产生深远的影响。这必将影响人们未来的生活方式和城市建设，那么城市规划应如何应对？需作出哪些战略调整？要改变哪些传统的规划思路？这是当代中国城市规划师与设计师所面临的重要课题。要回答这个问题，首先需要深刻认识和理解高铁会对人们的行为和城市发展产生什么样的影响。在此基础上结合当前中国城市的发展特征及未来发展方向，笔者认为城市规划应对以下几个相关的核心问题进行研究：

第一，高铁作为一种区域间的交通工具，它给人们的交通出行带来了什么变化？形成了一种什么样的出行规律？产生了怎样的新交通体系？

第二，这些出行规律和新交通体系从区域宏观角度对城市群和地区发展产生了什么作用？在区域间如何重构了空间效益的分配？对城市功能发展与城镇化战略将产生怎样的影响？

第三，这些区域的影响和空间效益的差异化又是如何具体对高铁的设站城市产生效应？城市究竟应该采取怎样的发展模式来应对这些变化和差异？

第四，再进一步到微观具体的站点地区规划建设，如何进行功能定位、空间布局和综合发展才不会出现鬼城和空城？

第五，在对以上核心问题研究的基础之上，需要提出高铁时代的城市规划新思维、新方法和新空间。

因此，本书将从区域、城市和站点三个层面展开讨论，将规律研究和规划设计相结合。由于中国的高铁刚刚运营，缺乏实践的考验和详细的分析，很难准确地讨论其规律，所以在这些问题的研究过程中将注重从其他国家和地区的已有实践和研究中总结经验和教训，并结合中国城市发展现状，探讨国际经验和教训能给我们什么样的启示，城市规划与发展政策将面临哪些挑战，需要重点解决哪些问题。

但是，高铁对城市发展的影响是多方面的，并且依赖于各种各样的条件，在结合国际发展经验和当前发展趋势的同时，笔者根据自身主持的城市规划实践进行了实证性研究，由此阐述城市规划和设计在具体的城市和项目中如何应对高铁所带来的明显的和潜在的影响及城市发展所面临的挑战。

注释

① 参见 http://7economy.com/archives/4961.

2 高铁影响下的新交通体系

2.1 高铁时代的客运市场再分配

高铁改变了交通运输市场的份额。19—20 世纪初是铁路发展的第一次黄金期，然而随之而来的是公路和航空业的大力发展。尤其是方便中短途的高速公路和适合长途的航空业给传统铁路带来了巨大冲击。经过几十年的相对缓慢发展之后，高铁的迅速崛起被视为是向铁路客运的回归。公路的堵塞、空运的误点引起了广大乘客的不满，同时这两种运输方式也带来了更多的环境污染问题。铁路因能耗低、环境污染小、运输能力大、准点率高、安全系数大而受到乘客青睐。例如，日本东海道新干线于 1964 年 10 月正式投入运营 50 多年来已高速、安全输送旅客 2 万多亿人次。相关统计资料表明，铁路运输中的人均消耗能量和产出 CO_2 均较少。铁路客运产生的每千米 CO_2 仅为航空的 16%、汽车的 11%。

高铁是全国范围的 "客运专线" 系统，但其只是整体客运系统的组成部分。从运输经济学和人的行为学角度来看，它需要和其他运输方式竞争，包括航空、普通铁路、公路等运输方式，并在竞争中形成自己的定位与市场。本质上，高铁是一种城际交通工具，在这方面与其他交通工具相比，其大大地缩短了出行时间，同时其公交化的发车频率、舒适的乘坐环境以及从城市 "中心—中心" 的特点，使越来越多的人选择高铁作为其重要的出行工具，由此对交通市场的分配产生了巨大的影响。这种影响在不同的时间与距离的范围之内有着不同的特征。国外相关研究表明，出行距离在 150km 以下，高铁与传统铁路和小汽车相比没有特别的优势；在 150km 至 400km 之间，高铁对高速公路的运输市场产生冲击；在 400km 至 800km 之间，高铁提供了对于个人出行而言最快的交通方式；超过 800km，则主要是飞机的运营市场。尤其是日本和欧洲的经验显示，在 500km 以下，高铁将获得 80%—90% 的市场份额；在 800km 以下，其将获得 50% 的市场份额（Hall，2009）。当铁路的最大运营速度达到 350km/h 时，其影响范围将会扩展至 1500km。表 2–1 列出了 8 个国家和地区的 9 条高铁运营后对区域交通运输市场的影响，可以看出高铁开通后在一定的距离范围内，不同的交通模式在交通市场中的份额开始发生改变。以西班牙马德里—塞维利亚线（471km）为例，1992 年其运营开通两年后，铁路（包括高铁）在交通市场中的运营份额从 14% 提升至 51%，然而飞机从 40% 下降到 13%，公共汽车和小汽车的比例则从 44% 降低至 36%（Givoni，2006）。新增的高铁客流中的32% 是从飞机运输市场转移来的，25% 是从小汽车运输市场转移来的，14% 是从传统铁路运输市场上转移而来的，29% 为新增客流（Vickerman，1997）。

表 2-1　高铁运营后对区域交通运输市场的影响

国家和地区	线路	高铁运营后区域交通市场的改变	资料来源
日本	三阳新干线	运营一年后（1971 年），客流量增加了 40%，其中 55% 来自普通铁路（包括 23% 来自航空）；30% 来自于其他的交通模式；6% 为新增客流；9% 为未知	冈部（Okabe，1980）
法国	TGV 东南线	新增客流中的 33% 来自于飞机；18% 来自于公路；49% 为新增客流	博纳富斯（Bonnafous，1987）
德国	城际快车（ICE）	12% 的客流来自于飞机和公路交通	维克曼（Vickerman，1997）
西班牙	马德里—塞维利亚线	铁路（包括高铁）在交通市场中的运营份额从 14% 提升至 51%，飞机从 40% 下降到 13%，公共汽车和小汽车从 44% 降低至 36%。高铁客流中的 32% 是从飞机运输市场转移的，25% 是从小汽车运输市场转移的，14% 来自于传统铁路，29% 为新增客流	吉沃尼（Givoni，2006）、维克曼（Vickerman，1997）
瑞典	斯韦阿兰线	铁路客流从 6% 增加至 30%，新增客流中的 30% 来自于城际快速大巴；25% 来自传统的区域公共交通服务；15% 来自于小汽车；30% 为新增出行	弗洛伊德（Frödh，2005）
意大利	罗马—那不勒斯线	2005—2007 年，火车的份额从 49% 增加至 55%，小汽车从 51% 降低至 45%。工作日新增 22.3% 的客流（其中 12.5% 为新的客流，9.8% 为原客流新增的出行次数）；7.8% 从小汽车运输市场转移；0.7% 从飞机和公共汽车运输市场转移；69.2% 从传统铁路（IC+EC）运输市场转移	凯斯塔等人（Cascetta et al，2011）

国家和地区	线路	高铁运营后区域交通市场的改变	资料来源
韩国	首尔—釜山线	高铁运营之前，小汽车、大巴、飞机和传统铁路的比重分别为12.1%、7.8%、42.1% 和38.0%。高铁运营之后，高铁客流占据总客流量的50.4%，小汽车、大巴、飞机和传统铁路的比重分别下降为9.4%、4.7%、25.0%、10.5%	常 等 人（Chang et al，2008）
	首尔—木浦线	高铁运营之前，小汽车、大巴、飞机和传统铁路的比重分别为59.1%、14.3%、3.1% 和23.5%。高铁运营之后，高铁客流占据总客流量的21.1%，小汽车、大巴、飞机和传统铁路的比重分别下降为53.8%、14.9%、1.2%、9.0%	
中国台湾地区	台北—高雄线	新增8% 的客流需求；高铁客流占据49.64% 的客流量；城际大巴从2005 年的35.29% 降低至2008 年的22.28%；传统铁路从2005 年的7.76% 降低至2008 年的2.50%；航空份额从2005 年的28.73% 降低至2008 年的4.97%；小汽车从2005 年的28.22% 降低至2008 年的20.61%	永 祥（Yung-Hsiang，2010）

　　然而，虽然日本、法国等国高铁客流量的增长都远远超出了预期目标，如法国的巴黎—里昂线 4 年内的客流量增加了 150%，日本新干线 10 年内的客流量增加了 200%，但是并不是所有的高铁客流量的增长都达到了预期的效果。在德国，城际快车（ICE）开通运营 5 年后，仅占 28% 的德国长途运输市场份额。据德国铁路公司的调查，德国高铁从公路和飞机的运输市场上只转移了12% 的客流量。这两个数值要远远低于法国高铁系统（TGV）的运营效果。在中国台湾地区，台北—左营（高雄）线的高铁建成以后，其客流量只有 2300 万人，新增的需求仅为 8%，这一数值较日本、法国等有相当大的差距（Yung-Hsiang，2010）。在韩国，高铁（KTX）运营后，首尔—釜山线实际运营中的人数仅为预期人数的 46.00%（Chang et al，2008）。为什么这些国家和地区的高铁运营效果较日本和法国有如此之大的差距？许多文献都对此进行了探讨，比如德国，联邦体制下各个城市之间多中心均衡的发展政策以及国家鼓励高速公路的发展方式导致了高铁客流增长缓慢；在中国台湾地区，由于大量制造业转移至中国大陆地区以及东南亚等地区，使得位于台北的企业总部迁往中国台湾其他地

区的商务出行减少，从而导致高铁客流增长缓慢。但是与其他交通方式之间缺少有效的整合，也是其中最为重要的原因之一。

中国高铁的运营速度在200km/h和350km/h之间。贯穿全国的长距离的高铁设计时速为350km。这意味着高铁的优势距离可达到1500km。目前的使用状况显示，城际铁路对于高速公路的客运产生了巨大的冲击。以沪宁线为例，在2007年动车开通之前，每天有24班客运大巴从南京开往上海。动车开通之后，只剩40%的客流量，班车次数也减少至7班，票价也从97元下降至88元。同样，长距离的高铁也对航空业产生了巨大的影响。武广高铁、宁武客专开通后，武汉天河国际机场减少了飞往广州的航班，取消了飞往南京、合肥以及南昌的航班。根据中国民航机场客流量的统计，武汉天河国际机场2010年的客流量只增长了3.0%，而这一数值在高铁开通当年（2009年）为22.8%，2007年则为37.0%。

高铁可以让乘客比使用其他运输方式节省出更多的时间，并且安全、准时、有保障，还让乘客感觉其节约的时间比付出的费用更有价值，从而赢得了市场份额。但对于城市规划而言这只是问题的起点而不是核心所在。如何处理各种交通工具之间的关系并规划和设计与此相对应的新空间，是城市规划所面临的重要挑战。根据国际经验，整合的交通系统、合理分工、促进合作等形成"门到门"的出行新模式是一种行之有效的方法。

2.2　高铁时代"门到门"的出行新模式

"门到门"的全程出行时间计算是高铁时代出行新模式的重要依据。

在高铁时代，传统交通模式所承担的角色将发生转变，但它们与高铁并非总是竞争关系。如前所述，高铁在150—800km的距离内最具优势，可以成为客运的主要交通工具。而传统普通铁路和高速公路则承担150km区间以内的客运和货运任务。高铁与航空运输联合可以为更远距离和国际航空的旅客提供密切的进出服务体系。

因此，在高铁影响下的新交通应该是一个整合的交通系统。这种整合的交通系统无论是对提高出行者的便捷程度，还是对提高高铁的运营效率，抑或是促进城市空间的整合发展都有着重要的作用。

对于出行者而言，高铁只是众多交通工具之一，一个整合的交通系统将会提供一个快速、有效、便捷的"门到门"出行服务（Nijkamp et al，1991）；对于包括高铁在内的各种交通运输市场而言，分工合作的整合的交通系统可以避免彼此之间的无序竞争，促进交通模式的合理分配，提高"门到门"出行新模式的运输效率。

一个整合的交通系统是要整合包括飞机、高铁、传统铁路、地铁、小汽车、自行车等在内的多种交通工具。2010年，全国高速公路总里程达到74000km。在"十二五"规划中这一数值将达到108000km（中华人民共和国交通运输部，2011）。截至2006年，全国共有146个机场，在全国民用机场布局规划中，将新增97个机场（国家民航总局，2007）。同时，城市道路、地铁、轻轨以及快速公交系统（BRT）正在大量建设。将多种交通方式进行合理整合，不仅有利于高铁系统本身，同时也有利于发挥各种交通系统的综合效能。只有进行整合，才能形成一个满足不同人群、不同目的、多样化的"门到门"的交通出行新模式。

在这种整合的过程中，城市规划面临着许多新的课题：

首先，是体制与管理机制方面的问题。中国交通基础设施的建设管理及运营是分属于不同部委的行政管理机构。铁路的建设运营和管理隶属于铁道部，从铁路选线、站点布局、站房设计、建设施工到运行管理都是独立的系统，与城市规划和设计缺乏及时和有效的衔接，这就形成了与城市发展的先天矛盾，而建成后的分立管理又加剧了这些矛盾的恶化。同样，航空业隶属于民航总局，高速公路则属于交通运输部，城市公共交通则归城市地方政府部门。一个整合的交通系统，需要这些机构的有效合作，然而这却是一个巨大的挑战。

2013年3月14日，全国人民代表大会审议通过了《国务院机构改革和职能转变方案》。铁道部被撤销，实行铁路政企分开。铁道部一分为三：一部分企业职能剥离出来，成立总公司；一部分和综合交通运输体系有关的部分职能，比如规划、政策、制定法规等，划给交通运输部；一部分安全生产监管职能，专门成立国家铁路局，由交通运输部管理。

将铁道部拟定铁路发展规划和政策的行政职责划入交通运输部。交通运输部统筹规划铁路、公路、水路、民航发展，加快推进综合交通运输体系建设。

其次，是技术上的挑战。以高铁站点与机场的整合为例，最典型的案例就是虹桥交通枢纽的建设。理念上这一交通枢纽综合了飞机、高铁、磁悬浮、城际大巴和其他交通方式。但是高铁站和机场之间相距700m，对于步行或者其他交通方式而言，这都是一个尴尬的距离。技术上很难达到整合的需求。

高铁与传统铁路的整合也同样面临着类似的问题。绝大多数高铁是建设在高架系统上的全新体系，高铁站点与传统站点相距较远，站点之间如何连接也存在技术上的选择难题。在城市内部，"门到门"交通系统的不同交通工具的快速转换更是一个复杂的技术难题。伴随着城市规模的扩大，交通拥堵现象越来越严重，如果城市内部到达站点的时间不断拉长，对于个人出行而言，高铁时代"门到门"出行新模式的优势也将不复存在。就高铁站点本身而言，设计时都会强调不同交通工具的无缝衔接是站点交通组织的设计原则，但是绝大多数高铁站点都是一个巨大的空间，在这样一个巨大的空间下如何实现无缝衔接也是规划与设计所面临的挑战。

再者，要保持这种整合的交通新体系可持续发展，如何促进高铁客流量的增长是城市规划与政策制定者们面临的重要课题。从世界范围来看，高铁的客流量是不断上升的。但是，不同的国家和地区情况也有所不同。在法国和日本，高铁的建设是一个非常成功的实践，而在德国、韩国和中国台湾等国家和地区，其客流量的增长并不是十分显著。从中国当前的运营情况来看，不同区域不同线路的情况也有所不同。在经济发达地区，如京津城际、沪宁城际等铁路的客流量持续上升，这些线路的运力也常常饱和。以京津城际铁路为例，从 2008 年开通两年后，累计客流量为 4096 万人，第二年发送旅客 2226 万人，是第一年的 1.19 倍。然而在一些经济基础相对薄弱的地区，高铁的发展状况就不是很乐观。比如说郑西高铁，在有些时段列车上基本没有太多的旅客。

因此，城市规划中如何处理好高铁、航空、传统普通铁路、公路以及城市内部的地铁、公交等的相互综合关系至关重要。

2.3　高铁与航空的竞争与合作

高铁与航空的关系应从竞争走向合作。

从城市空间的角度来看，高铁站与机场的选址原则差别很大。机场由于使用场地大，噪声影响严重，以及净空限高等对城市的发展影响较大，所以选址一般都远离城市主城。而高铁对城市的影响主要是穿越城市的铁路线对城市的分隔，因此采用高架或地下的方式以减弱对城市的负面影响，同时尽量将高铁站点设在市内或边缘，充分提高乘客搭乘的便捷性。并且在 150—800km 的距离范围内，高铁也具有时间成本的相对优势。不同于传统普通铁路，高铁显然是航空业的一个强有力竞争对手。国外学者比较了飞机与高铁的时间成本和优势距离：在一段从城市中心到城市中心的旅程中，一个普通的乘客在 15 分钟之内能够到达高铁站，在高铁站需要 5 分钟的时间坐上火车出发，到达另外一个城市中心后，同样需要 15 分钟到达目的地。对于飞机而言，通常需要 45 分钟的路程到达机场，在机场安检以及候机需要 60 分钟。到达机场后仍需 5 分钟离开机场以及 45 分钟的时间到达城市中心。接驳时间加上等待时间，高铁与飞机之比是 35 分钟与 155 分钟，两者之间相差 120 分钟，这还不包括飞机晚点的情况。在这

种情况下与飞机相比，对于 200km/h 的高铁而言，其优势里程在
530km；对于 300km/h 的高铁而言，这一数值将在 960km（Hall，
1991）。实证证据同样也显示了高铁对航空业所产生的巨大冲击。
在法国，巴黎—里昂线（450km）高铁开通后，1980—1985 年，
两地之间的人员往来增加了 56%，火车客流量增加了 151%，同
期飞机则下降了 46%（Berg et al，1998）。在日本，三阳新干线
运营之前，三洋国际机场的年均客流量为 30 万人，三阳新干线开
通运营后，其客流量减至 1/4，7 年之后才恢复至新干线运营之前
的水平（Sanuki，1980）。

　　虽然高铁冲击了航空市场，但是高铁开通后，航空业也能受
益于这一"竞争性"的基础设施。一方面，高铁已经成为连接机
场和城市的重要交通工具之一。在法国，50% 的人选择高铁作为
前往机场以及离开机场的交通工具；在德国，汉莎航空和法兰克
福机场联合德国铁路（DB）公司开发了一种"空铁联运"（AIRail）
的服务系统，这一系统整合了高铁和航空业的票务服务以及行李
处理等（Grimme，2006）。另一方面，高铁扩大了机场的服务半径，
机场发展也将受益于高铁。以里昂圣埃克絮佩里机场为例，该机
场是法国第三大机场，排名仅次于巴黎的戴高乐国际机场和奥利
机场。1981 年巴黎—里昂高铁线路开通后，机场的客流量减少，
高铁抢占了原属于巴黎—里昂航线的大量客流，但是高铁也同时
改变了机场的相对交通区位，机场的服务范围扩大至 400km 以上，
通过开通国际航班，里昂圣埃克絮佩里机场的客流量快速增长。
1996 年，50% 的国际航班第一次起降这个机场，其客流量比 1995
年增加了 12.1%，达到了 4967142 人。较好的机场可达性，使得
机场有条件开通及增加国际航班，机场客流量的增加同样也使得
越来越多的高铁停靠在圣埃克絮佩里站（Berg et al，1998），两
者实现了共赢。

　　高铁站点与机场的整合可以分为两种情况：第一种是将高铁
直接与机场相连，在机场设置高铁站点，如巴黎、里昂、法兰克
福和阿姆斯特丹等。第二种情况为通过地铁、传统铁路、机场大
巴等快速交通连接机场与高铁站点。从表 2-2 中我们可以看出，
在欧洲通过公共交通和小汽车，许多高铁站点与主要大型机场之
间都实现了很好的对接。这些方式在中国的实践中也得到了证实，
如上海虹桥国际机场的高铁连线，以及许多城市的高铁站与机场
的快速公共交通系统等。

表 2-2 高铁站点与机场之间较好的连接线

高铁站点	机场	火车（机场—站点）分钟	班次（次/h）	方式（直达/换乘）	汽车（不堵车情况下）分钟
欧洲里尔站	巴黎戴高乐国际机场	49	1.20	直达	110
	里尔机场	29	1.67	里尔弗朗德站（Lille Flandres）换乘	16
布鲁塞尔南站	布鲁塞尔国际机场	21	4.00	直达	19
	布鲁塞尔南沙勒罗瓦（South Charleroi）机场	69	2.00	沙勒罗瓦站（Charleroi Sud）换乘	41
	巴黎戴高乐国际机场	111	2.00	直达/巴黎北站（Paris Nord）换乘	155
伦敦圣潘克拉斯车站（St. Pancras）	希思罗国际机场	56/45	8.00	直达（4个班次）/帕丁顿车站（Paddington）换乘（4个班次）	41

2.4 高铁与普通铁路、公路的互补

高铁与传统铁路、城际大巴等交通工具的整合将形成互补的关系。

高铁的成功运营离不开与传统普通铁路、城际大巴等其他交通工具的整合。在日本，新干线的巨大成功，很大程度上归功于加强和改进了传统窄轨铁路与高铁站点的连接。当日本新干线延伸至博多时，广岛与滨田之间连接新干线车站的城际大巴数量迅速增加，从三元至四国的高速轮渡及从三元至山阴的直达列车均开通运营（Okabe，1980）。在横滨，现存的日本铁路公司（JR）横滨线的开通是横滨高铁站点客流量剧增的一个重要原因（Sands，1993）。在意大利，那不勒斯的阿夫拉戈拉（Afragola）高铁站扮演着一种整合区域城际铁路和区域地铁系统的重要角色（Cascetta et al，2008）。

虽然整合传统铁路和城际大巴等非常重要，但是要实现两者之间的整合并不容易。除一些技术上的原因，如高铁与传统铁路的轨距、电力系统、信号系统的整合等，站点区位的选择、不同交通站点之间的连接、不同交通时刻表的匹配等系统的设计更为重要。在中国台湾地区，传统铁路的火车站位于城市中心，而绝

大多数的高铁车站位于城市的边缘地区。除台北、左营、板桥、台中四个城市整合了传统铁路，其他城市的传统铁路与高铁之间并没有进行较好的整合，同时不同交通工具之间的时刻表并没有进行匹配，等待换乘的时间仍然比较长。加强两者之间的整合成为中国台湾地区高铁发展所面临的巨大挑战（Yung-Hsiang，2010）。

在中国大陆地区，由于高铁的发展目标是向上兼容，再加上传统普通铁路站点的使用饱和度问题，使得高铁与传统普通铁路的衔接产生了重要的技术问题，但对公路运输却给予了特别的重视，基本上在高铁站点都安排了长途客运站。对于城市和区域的城市发展而言，由于高铁网络仅仅连接到部分城市，对于其他未连接到高铁网络中的城市，一个互补的交通体系将有助于扩大高铁的服务范围，也有利于促进区域之间的整合。

2.5 城市内部交通的零换乘接驳

高铁与城市内部交通的整合形成零换乘无缝接驳。

与城市内部交通的整合，主要包括与公共交通、小汽车以及停车空间的整合。不同区位的站点（如城市中心和城市边缘的站点），其整合的侧重点与整合方式也不太相同。

对于位于城市中心的高铁站点而言，它具有较好的地铁等公共交通可达性和由于交通拥堵而形成的相对较差的小汽车可达性，停车容量一般也较少。对于那些追求出行的舒适程度以及尽可能缩短旅行时间的商务人士而言，良好的小汽车可达性和便捷的停车设施至关重要。不管规划师是如何希望引导以及提供便利的公共交通让人们到达高铁站点，成功的高铁站点仍然离不开较好的小汽车可达性（Jong，2007）。小汽车可达性中有两个决定性的因素：第一是站点与城市路网的衔接；第二是停车设施。对小汽车的限制、鼓励发展公共交通的交通政策以及停车容量的限制，使得那些位于城市中心的高铁站点，采用有选择的接驳或停车成为切实可行的方法。有选择地控制小汽车的可达性一方面可以通过价格机制来调节，另一方面可以采取专用基础设施。如比利时城市列日（Liège）的终端式多层停车楼。同时提高出租车的比例同样也有助于提升城市中心站点的可达性。出租车的最大优势在于其不需要提供额外的停车空间（Berg et al，1998）。

对于位于城市边缘的站点而言，其一般具有较好的小汽车可达性，停车设施也较为完善，公共交通可达性却相对较差。城市中心与站点地区的公共交通可达性成为与城市内部交通整合关注的要点。在日本，歧阜羽岛车站是位于城市边缘地区的一个高铁车站，在其运营的 30 年时间里，站点地区基本上没有任何发展，其中一个主要原因是站点地区与城市中心之间缺乏有效的连接（Sands，1993）。在中国台湾地区，只有三个城市（台北、板桥和左营）的高铁站点与城市中心有着便捷的公交系统，别的车站只能依赖于低频率的私人交通来连接站点地区与城市中心。根据中国台湾地区交通运输部门2007年的调查显示，在工作日间，前三个站点通过公共交通连接站点地区与城市中心的人数所占比例达到了52%，而其余站点，这一比例不超过12%，这极大地影响了高铁客流量的增长。

在中国已建的高铁站中，城市公共交通和出租车以及小汽车的接驳受到了相应的重视，并且随着许多城市的轨道交通建设，轨道交通的接驳也将成为高铁站点地区的重要公共交通形式。但目前与未来较为严重的问题是站点地区的空间布局和交通组织不合理，严重地影响了乘客的换乘效率。同时，除了高铁站点本身的零换乘接驳的重要性之外，从"门到门"出行新模式的全程出行时间计算考虑，城市规划中综合规划市区内各种交通设施，对提高交通的换乘效率显得十分重要。

2.6　南京南站综合交通规划实践案例

南京南站位于南京市主城区南部，地处江宁区与雨花台区交汇处，是华东地区重要的综合交通枢纽，是铁道部所规划的京沪高铁的5大始发站之一，汇集了京沪高铁、宁杭铁路、沪汉蓉城际、宁安城际等4条国家与区域铁路干线，形成了3场28条客运线的特大型铁路枢纽。规划近期南京南站的旅客发送量为4413万人/年，远期5822万人/年。规划设计范围为北至绕城公路，南至秦淮新河，东至宁溧路，西至机场高速，总面积约为6km^2。规划范围为北至纬七路，南至胜太路，东至红花机场（大校场机场）—秦淮河一线，西至宁丹路，总面积约为48km^2，在此范围内考虑功能、交通、景观与规划设计范围的相互协调。2007年1—3月南京市规划局在对6家南站地区概念规划方案征集成果的基础上，委托3家单位组成联合体，开展规划方案整合工作，形成了《铁路南京南站地区综合规划》《铁路南京南站地区综合规划——综合交通规划与设计专题研究》《铁路南京南站地区综合规划——城市设计专题研究》等规划设计成果。这些规划成果努力探索了高铁时代"门到门"出行新模式的要求与相应对策。

南京南站枢纽综合规划交通设计的主要技术路线如图2-1所示，从中可以看到整个工作被分为三个层面：宏观层面上对区域、南京南站枢纽自身的定位以及战略进行研究；重点是根据其枢纽地区的发展定位和地区特性及其他相关案例研究的成果，确定地区交通发展的战略，包括南京南站地区的交通发展战略和其枢纽

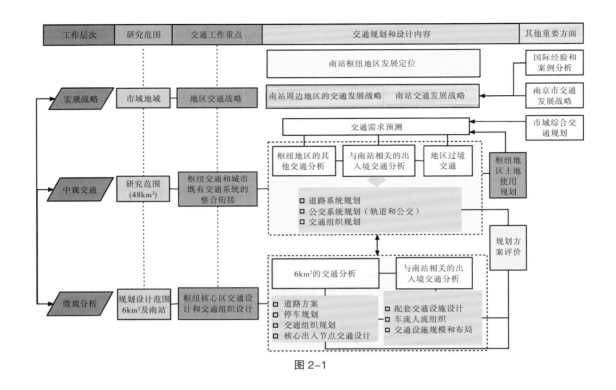

图 2-1

图 2-1 南京南站综合规划交通设计的研究技术路线

本身的交通发展战略。中观层面上对周边 48km² 内的路网、公交、停车、交通组织等展开规划研究；重点解决两个方面的问题，一是确定南京南站枢纽疏解客流和机动车流的重要走廊和通道的系统规划，二是为了疏解机动车流对重要的道路节点和通道进行改造和设计。微观层面上是对 6km² 的道路规划、公交、停车、枢纽综合体内的交通设施布局及其与周边道路系统的衔接展开规划设计。其核心是依托枢纽综合体的设计与周边交通系统的出入、衔接等达到无缝换乘的目标。可以看到依据总的研究路线，在宏观交通战略之下，中观层面的规划设计和微观层面的规划设计内容是互动的、相互影响和互为条件的：轨道主导、公交优先，解决了巨量客流的集疏问题；以人为本、快进快出，缩短了旅客滞留时间，避免了进出站交通的拥堵，处理好了枢纽功能的复合和城市交通系统的衔接关系，由此才能达到"门到门"出行新模式的效果。

通过区域和城市的研究，在区域中南京南站交通枢纽的功能定位是立足南京、服务都市圈，以铁路客运为主体，集合多种交通方式的综合性快速客运枢纽。在城市中南京南站地区的功能定位是城市发展的副中心。

依托这些对南京南站枢纽及南站地区的功能定位，我们给出相应的交通发展战略和策略：依托南京南站构建多层次交通圈，形成布局合理、功能综合的城市重要发展区，使之成为整合周边发展地区资源、独具特色的南京南站枢纽型城市发展核心功能区。

南京南站的站房则是以铁路客运为核心的城市客运综合交通枢纽，集铁路、城市轨道交通、公路客运及城市地面公交、出租车、社会车等多种交通方式（工具）为一体。

首先，铁路方面南京南站将建成大型高等级铁路客运枢纽，是华东地区高速客运中心之一。未来南京南站由京沪、沪汉蓉、宁杭以及宁安四大方向线路交汇组成，总设计规模为15台28线，高速到发线10条，沪汉蓉宁杭到发线12条，宁安6条。

其次，公路客运枢纽规划为一级站，是区域性的公路客运主枢纽站，以服务南京南站枢纽换乘客流及板桥新城和东山新市区等南部地区区域客流为主，兼顾全市范围，主要辐射方向为苏南和浙北。

针对市区，南京南站公交枢纽以服务其综合交通枢纽的客流集散为主，兼顾南京南站地区内部的公交需求。

经过详细的规划与设计，形成了南京南站枢纽的交通规划与设计成果：

面对都市圈大区域交通，构建高效的城市群出行圈战略。通过城际轨道交通、城市轨道交通、高铁实现以南京南站为中心的1小时快速城际交通圈。同时注重与航空、公路长途客运互补衔接的关系。以城际轨道交通为重要手段，实现站内换乘。设置站内购票设施，提升异地购票服务水准。与公路长途客运形成合作互补、适度竞争的关系，站内设置长途客车上下客区，其他设施设在站外。通过绕城公路设置快速进出匝道，使都市圈内其他机动车能够快速进出站区。规划建设直通机场的轨道专用线，规划建设地铁3号线沟通南京站（城际为主站），现均已建成通车（图2-2至图2-5）。

市区内进行综合交通整合，利用以公共交通为导向的城市用地开发（TOD）等理念引导地区开发。坚持公交优先，创意地区采用高密度路网，并提升慢行交通的舒适度。合理分离过境交通与地区内部交通，完善地区对外交通。构筑以轨道交通为主体，以高水准常规地面交通为基础的地区公共交通体系。

南京南站地区的城市副中心定位决定了平衡南站交通和南站周边地块开发交通的重要性。规划以充分满足未来南京南站交通为主导目标，以有效满足和管理地区开发交通和过境交通为工作目标，决定了南京南站交通的主导流向是南北方向，交通预测表明向北为主导方向，因此通过绕城公路以及跨过绕城公路是在市域空间范围内疏解南京南站所产生的交通量的关键性技术问题。

具体设计绕城公路时，推荐在机场路到宁溧路段全线高架，通过定向匝道与南京南站北高架连通，以满足过境交通和车站交通快速集散的需求；将机场路局部拓宽，改造花神庙立交和修改

图 2-2 南京南站区域内路网与主城及东山新市区的骨架路网间关系

图 2-3 南京南站区域对外与对内交通衔接组织图

往二桥

沪宁高速往上海

往三桥

高速路

主干道

往杭州

205国道往广州

往禄口机场 往高淳

图 2-2

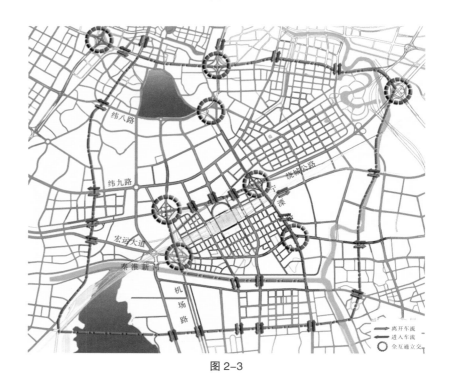

纬八路

纬九路

绕城公路

宏运大道

秦淮新河

机场路

离开车流
进入车流
全互通立交

图 2-3

图 2-4　南京南站主要通道功能转换

图 2-5　南京南站研究范围内轨道交通与全市轨道线网的关系示意图

图 2-4

图 2-5

规划机场路—宏运大道立交，增加道路通行能力，以满足机场主线车流具有较高的服务水平。宏运大道进行局部下穿改造，有效分离过境交通和车站交通，加强南京南站片区交通进出高速路、快速路的通道联系（图2-6至图2-8）。

枢纽核心区6km²交通的优化组织。建设"以人为本、便捷舒适、高效一体"的地区客运集散体系。优先发展公共交通，并以公共交通为主要交通集散方式，同时为其他机动车交通提供便利。公共交通中以轨道交通为主，辅以高水准地面公共交通。进出站以高速路、快速路为主，采用"高铁+专用匝道+高速路、快速路"模式打造以南京南站为中心的至主城区30分钟出行圈。对枢纽核心区内的轨道交通系统进行调整，规划1号线、3号线、5号线、6号线和机场线等五条轨道交通线通过。同时在枢纽核心区6km²范围内形成两纵两横的快速路疏解系统以及四主六次的主次干道系统和周边道路系统平顺衔接。相应地对公共交通进行调整和规划——结合全市的公交专用道规划，在玉兰路增加公交专用道，在玉兰路、宏运大道、站东路、站西路、宁溧路上设置公交干线，以起到服务于跨区域的公交廊道功能；在其他支路布置公交支线，以起到聚集客流和服务周边开发地块的功能（图2-9、图2-10）。将公交首末站与换乘结合，在核心区内规划中途站50座，分布

图2-6 南京南站高架设计推荐方案
图2-7 南京南站南高架进出流线图
图2-8 南京南站北高架进出流线图

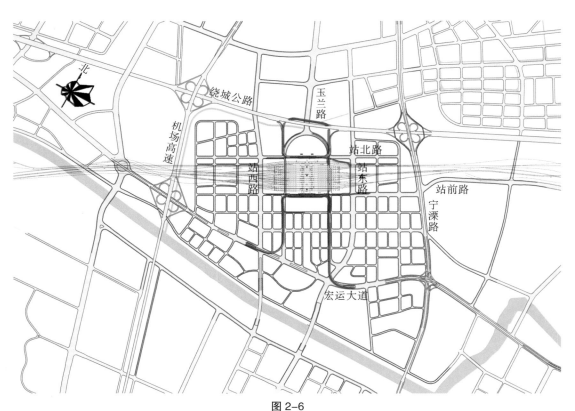

图2-6

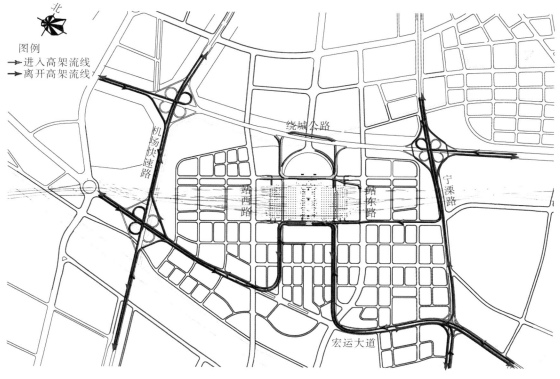

图 2-7

图 2-8

图 2-9　南京南站轨道线网调整建议
图 2-10　南京南站枢纽核心区道路规划

图 2-9

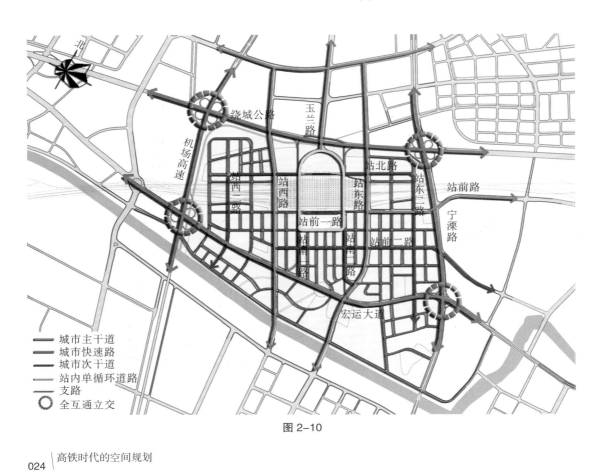

图 2-10

于宁溧路、站东路、站西路、站前路、站前二路、宏运大道，规划运能为 9000 人次 /h。公交服务面积比率：300m 半径为 70%，500m 半径为 95%。

停车规划针对南京南站地区为新开发用地，因此对于枢纽核心地区的非枢纽用地停车问题，应以配建停车位为主、公共停车位为辅的方法解决。枢纽核心区除南京南站枢纽体外，该地区的停车需求总量为 20971 个。考虑该区域将作为城市副中心、商业商务功能占主导地位，所以公共停车泊位数大致定为 2000 个。对于核心区内的配建停车，从鼓励使用公共交通的角度出发，轨道交通站点周边 500—800m 的停车配建按照南京地方标准作为上限控制（图 2-11）。

通过轨道交通为主体、层次化的公共交通为主导的交通集散和疏解战略。南京南站 70%—80% 的客流以及地区开发 60%—70% 的人流均通过公共交通疏解。

站房及枢纽综合体交通设计。建立人性化换乘系统，充分实现"人车分流"和"进出分层"的模式。换乘距离努力达到最小化，广场换乘步行距离控制在 200m 以内。衔接设施一体化，实现火车站出入通道、地铁出入通道、公交车站、长途车站、停车设施、人行通道的一体化。公共交通是枢纽与枢纽地区的主导交通方式。依

图 2-11　南京南站地区停车场布局

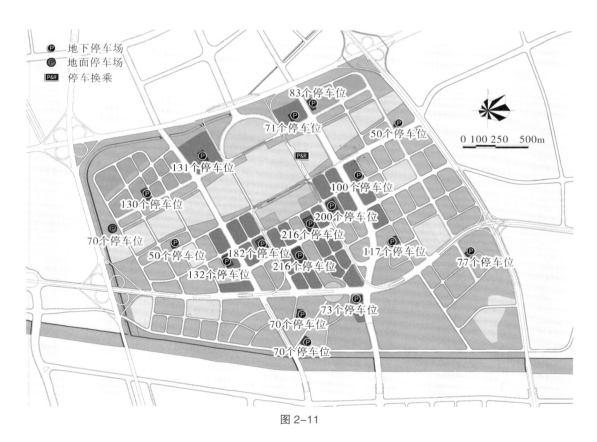

图 2-11

据南京南站枢纽的客流特征和交通组织要求，经过努力改变了原来站房设计单位常规的站内交通设施布局方案和配套交通设施设计。

（1）建议将站房下原来的高架填土方案改为架空，将长途车、公交车以及社会大巴、出租车、社会小汽车分车型和到发情况布置于站房地面层，充分利用了站体空间，利用夹层进行地面、地下以及进站广厅的有效沟通，使地下轨道交通、铁路站厅和站台形成一体化的换乘（图2-12、图2-13）。

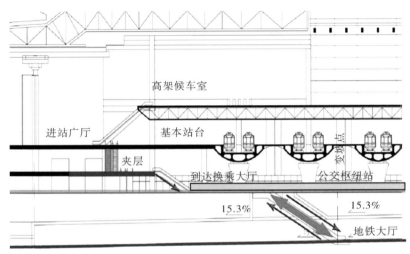

图 2-12

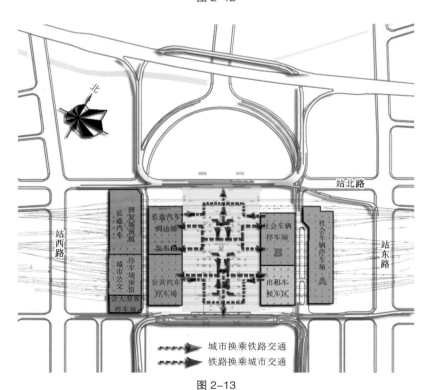

图 2-13

图 2-12　南京南站公交车
站设施的竖向联系
图 2-13　南京南站枢纽换
乘大厅换乘流线示意图

（2）依据客流换乘预测，规划设计地铁1号线、3号线采用同向同台换乘，以方便旅客使用、缩减换乘距离。建议地铁3号线与机场线共轨直通。建议地铁枢纽内总体上形成1号线、3号线、6号线"T"字形换乘格局（图2–14）。

（3）将长途车的整备停车场地安排在站房以外地区，站房内只提供到发场地，充分发挥交通集散点的空间效率（图2–15）。

（4）站区内设计了小循环和微循环系统，既增加了南北高架以及地面车辆的联系，又方便了车辆内部的交通组织，尤其是小汽车和出租车区域的交通组织（图2–16）。

通过本案例的实践与研究我们可以小结综合交通规划三个方面的内容：

（1）从单一的枢纽建设发展为引导城市功能拓展的TOD发展模式

将高铁站地区交通枢纽的开发与城市的发展统筹考虑，在城市乃至区域层面上加以整合，发展多元化的城市功能，尤其注重发挥商务、商业等高端服务业的集聚效应，实现城市产业的调整与升级，完善城市结构，并推动城市的区域一体化发展。交通枢纽（单一交通功能）向城市综合枢纽（复合功能）转变，这可强化和提升枢纽的功能。

（2）枢纽地区功能的强化提升了对交通系统的要求

枢纽功能的商务、商业和综合服务性能提高了用地开发强度，

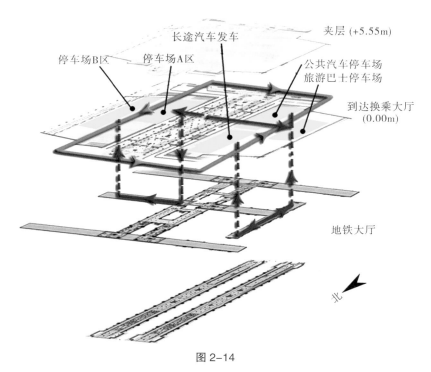

图 2–14

图 2–14　南京南站枢纽内行人垂直换乘示意图

图 2-15　长途客运站内交通组织

图 2-16　站区内设计的机动车小循环系统

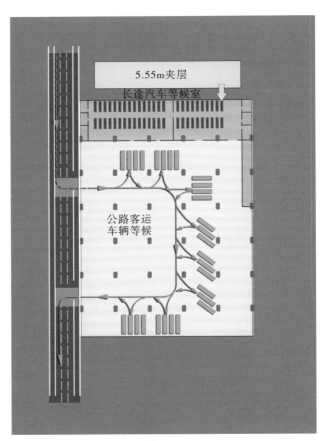

图 2-15

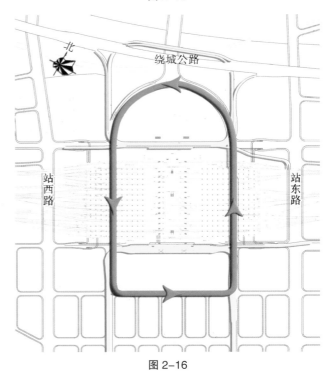

图 2-16

增加了交通需求。枢纽功能的商务化还需要为高端旅客和市民提供高水准的交通服务，枢纽地区的景观功能要求也给交通设施的布置设计带来了更多限制条件。

（3）新的交通需求需对交通系统进行整合规划和设计

换乘设施无缝对接，一体化换乘，铁路枢纽、公路枢纽以及公交枢纽整合才能实现枢纽的高效运转。从宏观、中观和微观三个层面进行交通规划和设计，才能解决背景交通、枢纽交通以及地区开发交通之间的矛盾问题。需提升、改善、整合地区交通基础设施，对枢纽核心区域的道路、公交等基础设施系统进行优化、改造、整合和配备。

通过本案例的实践与研究我们还可以小结出以下综合交通规划的新战略：

（1）土地利用发展战略：在枢纽周边进行高密度的功能复合开发，有效整备现有枢纽区周边的土地使用，提升土地与综合交通枢纽发展功能的契合度，增强枢纽地区的城市功能。相应的枢纽地区的总体交通战略是土地使用和交通一体化的战略：围绕高铁综合客运枢纽布置与不同交通方式相匹配的高效的土地使用；强调以综合交通枢纽的布局来提升枢纽周边地区城市功能的复合和高效，从而使其成为功能相对完整且又综合的城市发展区。

（2）快速集散道路发展战略：突出高铁枢纽以交通快速集散功能为核心，整合综合枢纽、地区综合开发和过境交通与枢纽交通的服务要求，建立服务功能明确、层次合理、快速通达的道路体系。

（3）轨道和公交优先战略：突出以公交系统为主导和公交优先服务的枢纽客流和地区客流，整合高铁枢纽、长途客运、轨道交通和城市路面公交，形成服务区域、城区和站区的高效便捷的公交体系。

（4）步行友好交通战略：突出以人为本、行人友好和综合枢纽无缝衔接的服务目标，整合枢纽各类交通换乘步行系统、地区开发和绿地景观步行系统，建立便捷、连贯、明晰、安全和宜人的行人交通体系。

（5）综合高效停车战略：突出适度供应、差别引导、分区合理、组织有序的停车理念，整合规划综合枢纽的公交、长途车、出租车和社会客车等各类停车设施，兼顾考虑站区内重点地区的配建停车和公共停车设施。

（6）科学运行管理战略：建立以综合交通枢纽高效运行为核心的交通系统运行管理机制，提供先进的智能交通系统（ITS）管理技术手段。

3　时空重构中的区域战略调整

　　高铁网络、枢纽及站点的规划建设将促进逐步形成沿线居民出行方式的新模式，这种模式不仅影响了人们的旅行、通勤和商务活动方式，更深层次是影响了人们的观念、生活方式，再进一步是影响了生产经营方式。就相关城市而言，这种模式带来的最重要影响是区域环境的变化，而城市的发展与规划无法忽视这些变化，它将影响到区域的整体发展、具体城市的功能定位、城市的发展规模、产业的前景和活力，因此，城市规划应从宏观的视野中适时地对城市区域发展战略进行相应的调整。那么，从理论上我们首先应该弄清楚高铁到底给区域与城市的空间发展条件带来了怎么样的变化？

3.1　新空间视角下的时空压缩

　　本质上，高铁是一种城际交通工具，它为铁路沿线设站城市的乘客带来了旅行、商务或通勤时间的节约。铁路是固定线型连接的交通方式，没有公路方式的灵活性和覆盖面，高铁的快速所产生的结果是沿线城市间相互关系的时空压缩。相对应的，非沿线城市的时间距离相对加大。但对于城市规划而言，这只是问题起点而不是终点，规划要研究的是这种时空压缩究竟给区域和城市的空间发展条件带来了什么变化。

　　人们选择乘坐高铁出行的主要原因是减少了出行时间，并且准时、方便、安全，这也是高铁最显著的成效。

　　表 3-1 中列出了主要国家和地区高铁开通后出行时间的改变，从中可以看出，绝大部分高铁减少的出行时间都在 30% 以上。以日本新干线为例，1964 年第一条商业化运营的高铁建成通车后，东京和大阪之间的交通时间从近 7 小时缩短至 4 小时，其后经过历次提速，到 1992 年东京—大阪的运营时间已经减少至 2 小时 30 分（Matsuda，1993），累计减少约 64%。在新干线开通的 11.5 年（1964—1976 年）时间里，9.77 亿人乘坐新干线，比传统铁路节约了 22.46 亿小时（Sanuki，1980）。在意大利，2004 年罗马—

表 3-1　高铁出行时间变化一览表

高铁线路		出行时间			长度（km）	开通年份	数据来源
		传统铁路（分钟）	高铁（分钟）	变化（%）			
日本	东京—大阪	390	240	-38.46	515.0	1964	桑德斯（Sands，1993）
	大阪—博多	510	280	-45.10	554.0	1972/1975	
法国	巴黎—里昂	—	140	—	427.0	1981/1983	博纳富斯（Bonnafous，1987）
德国	科隆—法兰克福	—	60	—	177.0	2002	网络（Website）
意大利	罗马—那不勒斯	105	65	-38.10	213.0	2005	凯斯塔（Cascetta et al，2011）
西班牙	马德里—塞维利亚	355	150	-57.75	535.0	1992	纳斯等人（Rus et al，1997）
瑞典	埃斯基尔斯蒂纳—斯德哥尔摩	100	60	-40.00	115.0	1997	弗洛伊德（Fröidh，2005）
韩国	首尔—釜山	250	160	-36.00	441.7	2004	常（Chang et al，2008）
	首尔—木浦	280	178	-36.43	414.1	2004	
中国台湾地区	台北—左营（高雄）	290	94	-67.59	345.0	2007	（Yung-Hsiang，2010）

那不勒斯的高铁开通后，71.2% 的乘客选择高铁主要是由于其能够缩短旅行时间。

　　因此，高铁网络的发展使得区域间城市关系的时间节约显而易见。然而这种节约会不会引发区域规划中的时空重构，继而带来区域发展战略的调整？城市规划问题必须从空间视角去认识。同样的，对高铁的影响分析也必须从空间视角切入。从高铁的高速度、大运量、全天候等交通方式的新特点出发，与交通方式变革所带来的人们生活方式、生产方式和交流方式的变革相契合，需要以一种新的视角来审视其对城市规划所带来的深刻影响。我们将城市的地理区位、交通方式、时间维度等视为分析要素，通过对有效距离及由有效距离而定的场所及人的空间处境、空间位次等进行探讨，应用一种新的空间视角，对高铁所产生的有效距离改变和城市空间处境、空间位次变化做针对性研究。

传统空间视角习惯性地认为物理距离（Physical Distance）是空间关系的首要决定因素和主要度量手段。因为地球表面上任意两个物体间的距离都是由它们的地理位置所决定，所以从传统空间视角来看，地理位置是理解一个物体与其他物体发生空间联系的关键。尽管半个世纪以来许多学者对距离概念不断加以完善，但在传统空间视角下，许多城市研究者往往自觉或不自觉地会假设物理距离和地理位置是描述和解释城市空间现象最重要的变量。但是，随着交通方式和通信方式的不断变革和飞速发展，物理距离已无法有效代表有效距离，传统空间视角已不适用于认识空间现象。

新空间视角：根据爱因斯坦相对论，空间不仅仅包含三维的物理空间，还包含一个更重要的第四维度——时间。如果在空间概念中引入时间维度，我们将发现一个新的四维空间视角。为便于对高铁站点地区的研究分析，我们借鉴国外相关学者的研究成果（沈青，2010），引入以下三个概念：

第一个概念是"有效距离"（Functional Distance），该距离的测度要考虑把某物体、信息和人从地理上一点移到另一点所需要的时间及所付出的努力。布朗和霍顿（Brown et al，1970）将其定义为"任意两节点间距离的一种度量，它能反映出节点的属性对节点之间相互作用趋势的影响"。与反映任意一对物体之间唯一且对称的几何关系的物理距离相比，有效距离是一种更加综合复杂的度量。它不仅依赖于"节点属性"（Nodal Properties），而且还依赖于把物质距离作为基本要素的"联系属性"（Associational Properties）（如公路网和公共交通网）。由于节点属性的不同和联系属性的不同，有效距离所代表的空间关系可以是多层次且不对称的。很显然，当任何一个相关节点属性或联系属性发生变化时，有效距离也将随之改变。

高铁带来了有效距离的改变。如果将距离作为一个定量来考虑，我们可以发现，高铁带来的交通速度的提升（图3-1），使得人们能够以较少的交通时间完成了与原来相同的出行距离（图3-2），从而让人们产生了时空压缩的感觉。从新空间视角来看，这意味着高铁线上任意两点（站点与站点或城市与城市）之间的联系属性发生了改变，同时这又进一步改变了该地区的节点属性，最终导致空间有效距离的改变，进而导致空间处境和空间位次的改变。

第二个概念是"空间处境"（Spatial Position），指的是一个场所（Place）（如城市中心区）或一个区位因子（Locator）在克服有效距离到达预期目的地这个方面所具有的相对优势或劣势。它在概念上不同于地理优势或劣势（根据到达预期目的地所克服

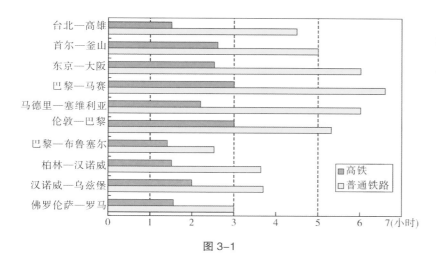

图 3-1　高铁与普通铁路运行时间比较
图 3-2　不同交通工具的一小时等时圈

图 3-1

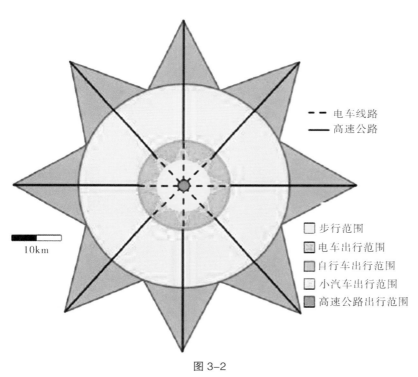

图 3-2

的物质距离来决定），而是通常根据可达性来度量。当到达预期目的地的有效距离发生改变时，场所或区位因子的空间处境不但可能发生绝对变化，而且可能发生相对变化。以有效距离而不是物理距离作为决定场所或区位因子的空间处境的基础是新空间视角的核心所在。

高铁带来城市空间处境的改变。以欧洲为例，经过多年来的建设发展，一个泛欧高铁网络（Trans-European Network，TEN）已经形成，网络化的高铁不仅加强了中心地理论所说的富有活力的核心地区（Core Area）与相对落后的边缘地区（Periphery）之间的联系，更拓展了各个国家的经济腹地和辐射影响范围，使欧洲内部各经济体之间的市场联系日趋紧密，经济活动日益融合。因此，这些大城市的空间处境在绝对和相对意义上都得到了显著提升，而那些与该交通系统没有连接的地方则在这个新的空间位次中地位下降（Spiekermann et al，1996）。有学者甚至认为，这实际上隐喻了一种组织神话（Organization Myth），即高铁网络有助于提供一项均质的、一致的、非对称价值的，有助于解决核心—边缘矛盾，推动不同经济体均等化和一体化发展的新政策手段，从而对城市空间处境产生级差冲击。图3-3是基于不同交通方式绘制的欧洲有效距离地图，它直观地表达出高铁所导致的时空压缩和有效距离改变，以及这种改变对传统欧洲城市空间处境所带来的影响。

第三个概念是"空间位次"（Spatial Order），描述的是根据场所或区位因子的空间处境而定的层级。当场所或区位因子的空间处境发生相对改变时，它们的空间位次就会变化。由技术引导的地理空间转换意味着物理距离与有效距离间的联系在不断弱化。确实，这种转换本质上是一个通过缩短一些有效距离来重建场所和区位因子空间位次的过程。交通和通讯方式的革新通常给具有某些"节点属性"的场所或区位因子带来全新的、优势的"联系属性"。

高铁带来城市空间位次的改变。以日本新干线为例，20世纪六七十年代日本新干线陆续开通，带动了工业向沿线的静冈、冈山、广岛等转移，形成了"太平洋工业带"，促进了落后区域经济的追赶效应——此前的发达地区东京、大阪的工业产值占全国的比重明显下降；新干线沿线的中小城市与旅游相关的餐饮和零售消费的增速出现暴发性上升，服务业就业机会大幅增加。传统以东京为塔尖的金字塔形城镇等级空间体系逐步向扁平化空间体系演化。同样的，从欧洲高铁发展经验看，横跨欧洲的现代化交通系统不仅极大地改善了欧洲主要政治和经济中心之间的交通

图3-3　不同空间视角下的欧洲有效距离地图

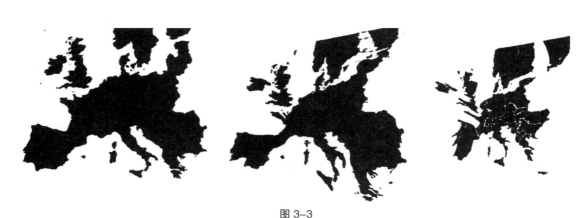

图3-3

联系，更重要的是促进了沿线很多二三线城市整体地位的提升，从而改变了传统城市空间位次所形成的等级结构，增强了国土空间开发的均衡性。一些规划实践表明，重要的高铁节点城市以及拥有重要开发项目的沿线城市总会得到政策的优先支持而较快发展，未融入高铁网络的城市则面临与欧洲市场相脱离（Isolation）的危险，甚至同步融入高铁网络的城市由于自身资源禀赋和区域地位的不同，其发展结果也会迥异。所以，并不是所有连入高铁网络的城市都会获得更好发展，一些不具有比较优势的城市在面临高铁带来的交通可达性改变时，可能会出现资源向核心城市外流的情况（Bruinsma et al，1993）。这正是以往中国高铁站点地区建设都一味追求高铁新城、新区建设，造成不符合规律、不切合实际所作出的错误决策。

3.2 高铁廊道区域的空间效益集聚

从区域的角度出发，像许多国家和地区已经发生和正在发生的一样，中国的高铁网络形成了沿线不同城市之间的时空压缩，在"有效距离""空间处境""空间次位"等方面都发生了重构，加快了区域一体化进程，促进了城市系统的整合与重组，形成了高铁廊道区域的空间效益集聚。

国外已经对长期使用后的高铁进行了这方面的实证研究。在日本，世界各地研究者们，如冈部(Okabe，1980)、卡马达(Kamada，1980)、散吉(Sanuki，1980)、广田(Hirota，1984)、中村等(Nakamura et al，1989)、天野等（Amano et al，1990）、桑德斯（Sands，1993）等，对新干线的发展效果进行了调查，证明了新干线客流量与国民生产总值之间有着密切关系的结论，即交通基础设施能够刺激经济增长。在法国博纳富斯（Bonnafous，1987）、派德拉（Pieda，1991）、普拉斯尔德（Plassard，1989）、奈弗（Nyfer，1999）等人对法国高铁系统（TGV）的发展效果进行了一系列的调查表明，伴随着TGV网络的延伸，对经济产生了多样化的影响。近年来，西班牙、英格兰、韩国、德国、中国台湾等国家和地区也涌现了一系列的研究成果。笔者的博士生殷铭等对这些成果进行了汇总（表3-2），这些成果显示，高铁网络改变了不同城市的可达性，缩短了出行时间，提供了大量的交流机会，拓展了企业的劳动力市场，改变了住房和企业的区位选择。所有这些都导致了区域空间的重新分配，在经济、社会以及空间等层面对高铁廊道区域产生了巨大的影响，为城市经济发展提供了重要的机遇。

表 3-2　高铁在区域层面上的影响效果一览

高铁线路		发展效果	资料来源
人口			
	—	高铁沿线有站点的地区的人口增长要比非高铁沿线没有站点的地区要高，但是仅仅是边际性的增长	天野等人（Amano et al，1990）
	东海道新干线	有新干线的站点的城市的增长率要比没有站点的高出22%	广田（Hirota，1984）
日本	—	有一个或者多个新干线站点的六个县（类似于中国的一个省）中，有三个县的平均人口增长率要高于日本全国平均水平，其余三个县要低于日本全国平均水平，甚至一些人口开始下降。 在岩手县——高铁沿线人口下降的一个地区，沿着高铁沿线的县城人口是增长的，其余的大部分地区人口是下降的。 在日本 104 个"日常生活区域"中，新干线沿线有57.58% 的区域人口是增长的，而没有新干线车站的则只有 22.54% 的增长	中村等人（Nakamura et al，1989）
	新干线东北线	靠近高铁车站的城市，人口增长率为 32%，在同一地区但是要远离车站的区域没有发现人口的增长	奥伯迈耶等人（Obermauer et al，2000）、普雷斯顿等人（Preston et al，2008）
西班牙	马德里—塞维利亚	与高速公路廊道相比，连接高铁车站的地区与未连接高铁车站的地区之间的差异较大。在高铁廊道内，雷阿尔城成功地吸引到了来自省内与省外的住房投资。但是，普尔托努（Puertollano）城，同样位于高铁沿线，与雷阿尔城相邻却显示出了一个完全不同的发展模式。雷阿尔城所展现出的人口和经济活力的聚集被认为是以牺牲前者为基础的	加门迪亚等人（Garmendia et al，2008；2011）
英国	英格兰东南线	阿什福德是连接至高铁沿线的一个城市，在 20 世纪 90年代其人口增长率要比整个英格兰东南区域高出 11%	普雷斯顿等人（Preston et al，2008）
	联合王国城际铁路125/225 线	距离伦敦一小时之内，无论是高铁沿线和普通铁路沿线的城镇都展现出了巨大的增长，与此同时伦敦的人口却在不断地减少。两小时之内，非高铁、普通铁路沿线的城镇（除三个城镇外）有明显的增长，但是增长比率较低。然而通高铁的城镇人口却反而先降或者缓慢性地以低于全国平均水平的速率增长（除两个城镇以外）。超过两个小时以外的城镇除一个城镇以外（该城镇行政区划进行过调整），人口全部下降	陈柴琳等人（Chia-Lin et al，2010）
就业与劳动力市场			
日本	新干线东北线	有新干线车站的城市在零售业、建筑业以及批发业等行业内的就业增长率要比没有新干线车站的城市高出16%—34%	广田（Hirota，1984）
		有新干线车站的城市其就业增长率要比没有新干线的车站高出 26%（有新干线车站为 1.8%，没有新干线车站为 1.3%）	天野等人（Amano et al，1990）

高铁线路		发展效果	资料来源
日本	—	在零售业的就业增长上，只有高铁车站的城市有 0.4% 的增长率，只有高速公路的城市有 1.2% 的增长，两者都有为 2.8% 的增长，两者都没有则下降了 3.6%。 在信息产业部门，结合车站和高速公路的就业率增长了 22%，而只有高速公路的只增长了 7%	中村等人（Nakamura et al，1989）
		不管是中间站点的城市还是终点站，在餐饮与住宿业上都有巨大的增长	布鲁奇（Brotchie，1991）、广田（Hirota，1984）
		对零售业等部门影响较小，且随着距离车站的距离越大影响越小	冈部（Okabe，1980）
英国	英格兰东南线	阿什福德的就业率要比整个英格兰东南地区高出 6%	普雷斯顿等人（Preston et al，2008）
	联合王国城际铁路125/225线	在距离伦敦一个小时以内的城镇中，无论是通高铁的还是不通高铁的，除了剑桥以外都要比平均就业率高。在一小时至两个小时之间以及超过两个小时的城镇中，除了一个城镇以外，其活力均要比平均水平增长的更为缓慢。除此以外，有高铁和没有高铁的城镇服务业的增长率、知识经济相关行业的增长率中，一小时以内的高铁城镇要表现出强烈的优势	陈柴琳等人（Chia-Lin et al，2010）
法国	亚特兰大线（1989年）	由于法国高铁的开通，那些由于昂贵的交通成本先前不能在巴黎工作的人们，现在有机会到巴黎工作。因此巴黎就业率的增长得益于TGV产生的劳动力市场的扩大。与此相反，勒芒等城市却经历了一个消极影响	奈弗（Nyfer，1997）、里特韦尔等人（Rietveld et al，2001）

经济活力 / 旅游业

日本	三阳新干线	高铁沿线的三个县[广岛(Hiroshima)、山口(Yamaguchi)、福冈（Fukuoka）]分别增长了 7.9%、1.3%、11.8%，同时对于那些腹地的县，接近一半减少[岛根(Shimane)，-6.5%；欧哈(Oha)，-0.4%；宫崎(Miyazaki)，-2.8%]。一些新干线沿线的城市由于高速列车并不停靠导致观光人数大幅减少。尾道市（Onomichi）在 1964 年有 1764000 名游客，新干线开通后，至 1975 年这一数值降低至 1605000 人。	冈部（Okabe，1980）
		旅游观光业的发展混合了高铁站点的效益。中间停靠站点的城市的过夜人数并没有上升很大程度，这归结于当日往返旅游人数的增加	
法国	巴黎—里昂线（1983年）	经历过两个相反的改变：过夜旅行越来越少，但是利用高铁的新的旅行人数逐步增加，冬季旅行的人数也没有发生任何变化	博纳富斯（Bonnafous，1987）

高铁线路		发展效果	资料来源
法国	亚特兰大线（1989年）	亚特兰大线促进了旅游业的繁荣，尤其是商务观光业。在勒芒，旅馆数量增加但是旅游天数却在减少。会议和交流以前通常只有区域层面，现扩大至法国全国甚至国际层面。高铁廊道的建设加速了已处于困境中的旅馆业的衰落。位于卢瓦尔河谷的图尔（Tours）城，高铁开通后其观光业经历了一个重要的发展	马森等人（Masson et al，2009）
	巴黎—马赛线（2001年）	整个法国东南区域由于高铁开通后，其短期旅行（扩大至周末往返）以及特殊人群（青年、专家学者以及国际旅行者）的旅行人数大幅增长	

经济活力 / 商务服务业

高铁线路		发展效果	资料来源
日本	—	新干线对城市功能有着很大的影响：加强和弱化了城市的管理、金融以及控制功能。一般趋势上，东海道新干线加强了东京和大阪的影响力，特别是东京，变得越来越强，然而名古屋作为"中间地带的城市"都得到了削弱	卡马达（Kamada，1980）
		以总部功能和金融功能为例，名古屋、京都、大阪以及神户在区域中的地位得到了下降，同时东京这些功能的聚集度得到了增强	散吉（Sanuki，1980）
法国	巴黎—里昂线	TGV 东南线的商务旅行增加了 56%，服务业出行的比例增加了 112%	派德拉（Pieda，1991）
		没有证据显示巴黎—里昂高铁线路的开通导致了企业从里昂搬至巴黎，但是相反的趋势却出现了：巴黎为基地的企业总部，由于高铁的连接其搬迁至阿尔卑斯地区。高铁站点在上午办公企业的区位选择上扮演了重要的作用，但是这个因素并不是决定性的	博纳富斯（Bonnafous，1987）、桑德斯（Sands，1993）、里特韦尔等人（Rietveld et al，2001）
		在法国，TGV 的服务引发了企业区位选择在那些有高铁车站的城市。比如里昂，其在与周边类似城市［如格勒诺布尔（Grenoble）和日内瓦（Geneve）］的竞争中它能够吸引更多的企业	奈弗（Nyfer，1999）、里特韦尔等人（Rietveld et al，2001）
	巴黎—里尔线	里尔吸引了几个国际顾问公司和主要的国家商业银行的办公机构，其高铁开通后建设的会议中心已经满负荷使用并在不断地扩大	丽纳等人（Ureña et al，2009）
西班牙	马德里—巴塞罗那线	高铁开通后，萨拉戈萨（Zaragoza）在 2008 年成功举办了国际博览会，并于 2014 年举办了国际福罗拉丽亚节（Floralia）展示会	丽纳等人（Ureña et al，2009）
英国	英格兰东南线	商务活动在阿什福德的增长要比英格兰东南部的其他地区高	普雷斯顿等人（Preston et al，2008）
	联合王国城际铁路125/225 线	一般而言，与伦敦通过高铁相连的城镇在私人服务业上要比公共服务业的吸引力高很多，但是随着距离伦敦市交通时间的增加，其吸引力在逐步降低	陈柴琳等人（Chia-Lin et al，2010）

高铁线路		发展效果	资料来源
德国	法兰克福—克隆线	沿线连接至高铁的两个小城市蒙塔鲍尔（Montabaur）和林堡（Limburg），其经济增长要比其他地区年均高出 2.7%，况且这种增长是持续性的增长。这两个城市的经济增长主要归结于高铁的建设。高铁帮助这两个城市吸引了新的居民，增加了当地的就业机会和市场的消费能力，最终吸引到了新的商务活动从而促进了城市的经济增长	阿尔弗尔特等人（Ahlfeldt et al，2010）
经济活力 / 批发和零售业			
日本	三阳新干线	新干线在零售业和批发业方面没有产生积极的影响，虽然一些设新干线车站的城市的零售业和批发业得到了增长，但是只有两个城市在 1975 年开通后其增长率超过10%	桑德斯（Sands，1993）
英国	英格兰东南线	阿什福德在住宿、零售商店等不动产价格下降的速率要低于其他地区	普雷斯顿等人（Preston et al，2008）

这种空间效益的集聚分为两种类型的城市，即"转型中的城市"与"国际服务业城市"。对于转型中的城市而言，高铁扮演了一种触媒催化的作用，比如安特卫普（Antwerp）、布尔诺（Brno）、科隆（Cologne）、多特蒙德（Dortmund）、列日（Liège）、里尔（Lille）、里昂（Lyon）、马赛（Marseille）、南特（Nantes）、那不勒斯（Naples）、斯特拉斯堡（Strasbourg）和都灵（Turin）。在这种类型的城市中，由高铁带来的外部可达性的改进能够帮助其加强经济发展潜力，帮助其在城市等级体系中获得更高的地位。但是，这类城市需要满足一些经济增长与转型的前提条件，否则改善外部可达性同样也可能导致"虹吸效益"（Pol，2002）。对于国际服务业城市而言，高铁扮演了一种加强促进的角色，这类城市的典型代表如阿姆斯特丹（Amsterdam）、柏林（Berlin）、慕尼黑（Munich）、布鲁塞尔（Brussels）、日内瓦（Geneva）、罗马（Rome）和乌得勒支（Utrecht）。这类城市通常已经拥有了一个相对较高的经济发展潜力。对于以服务业为主的公司而言，它们拥有较高的区位吸引力以及受教育程度较高的劳动力资源。高铁改善外部可达性将会更进一步加强其在区域中的吸引力（Pol，2002）。高铁加快了其沿线区域的一体化进程，促进了城市系统的整合与重组，形成了高铁廊道区域的空间效益集聚。

但与此同时，高铁连接的城市与未通高铁的城市之间的不平衡却在不断加剧。这种不断扩大的不平衡尤其在那些综合了信息、通信以及娱乐的产业部门（比如商务服务业、城市观光业以及会议博览业等）尤为突出，在零售批发等层面并不显著。1991 年，布鲁奇（Brotchie，1991）收集了一系列关于日本新干线对经济、社会产生的影响，从人口增长、就业以及经济活力等方面对有高铁站点的城市与没有高铁的城市进行了比较。研究显示，在人口增长、就业率以及经济活力层面，通高铁的地区要比不通高铁的地区的发展要快很多。村山（Murayama，1994）研究了铁路的可达性对日本城镇体系演化的影响。这项研究采用一个城市到所有城市旅行时间的总和作为可达性研究的指标，结果显示20世纪60年代新干线的建设打破了日本先前所形成的空间结构，连接新干线的城市迅速地获得了巨大的区位优势，而那些没有新干线车站的城市出现了越来越边缘化的倾向。此外，对特定的高铁廊道也进行了大量的可达性探讨。古铁雷斯（Gutiérrez）2001年研究了马德里经巴塞罗那至法国的高铁廊道对可达性产生的效果。

英国的一项研究选择了六条以伦敦为终点的铁路线，其中两条为高铁线，其余四条为普通铁路线，主要调查沿铁路线通高铁和不通高铁的两组城市在知识经济层面的表现。该研究以伦敦为原点将高铁的影响划分为三个圈层：一小时圈层、两小时圈层以及两小时以上的圈层。在一小时圈层内，连接高铁的城市在知识、经济层面有着强烈的表现力能够接受到伦敦溢出的高附加值的商务活动，而连接传统铁路的城市，在发展知识、经济层面临着巨大的困难。在两小时圈层内，通高铁的城市逐渐改变了先前经济衰退的局面，成了连接伦敦关键的交通枢纽。而连接普通铁路的城市，则面临着高失业率、低就业率、办公租金低等导向。超过两小时圈层，高铁的效益逐渐减弱，甚至起到相反的作用。

模型的研究方法也证明了这样一个观点。在欧洲层面上，许多可达性指标如评价加权距离指数（Gutiérrez，1996）、重力类型指数（Gravity-Type of Indicator）（Bruinsma et al，1993）、日常可达性指数（A Daily Accessibility Indicator）（Spiekermann et al，1996）等常被用来预测欧洲高铁网络对城市可达性的影响。结果显示，欧洲高铁网络增加了欧洲中心城市与其腹地之间的不平衡。

以长三角为例，2004—2007年，沪宁线和沪杭线经历过两次铁路大提速，从2004年的160km/h提升至2007年的200km/h，截至2011年四条高铁线路（沪宁城际铁路、沪杭城际铁路、萧甬城际铁路以及京沪高铁）相继开通。笔者带领博士生研究小组将长三角地区的15个城市分为两组，即连接至高铁网络的和非连接至高铁网络的，分别统计它们的人口、国内生产总值和第三产业总产值。2004—2008年，8个城市连接至高铁网络，7个城市未与高铁相连。在人口增长方面，2004年连接高铁的城市与未通高铁的城市，其比值为1.49；2008年这一数值达到了1.54。地区生产总值之比从2004年的2.95升至2008年的2.97。2009年以后，宁波、绍兴两个城市连接至高铁网络，其比值也在不断扩大。

因此，在经济发展、人力资源、自然资源分布极不平衡的中国，如何应对因高铁网络带来的集聚而加剧的不平衡，尤其是对于那些未连接至高铁网络的城市如何发展，这是城市规划师和政府决策者们所面临的挑战。

3.3 高铁廊道内的空间效益差异

以上研究不仅关注了高铁开通后城市区域的分配问题，即高铁串联的城市与未通高铁的城市间的关系，同时也关注了高铁廊道内部的分配问题以及相关空间结构的整合与重组问题。高铁并不是均匀地带动沿线城市的增长，高铁廊道内部也会产生社会、经济和空间效益的重新分配。

相关研究显示，从高铁中受益较大的城市都是以商业、文化、金融以及其他高端服务业为经济主体的城市，这是因为高铁的最优势乘客群是当日或当周往返的商务和公务乘客。他们是高铁乘客中时间价值高、支付能力强的群体。

显然，这个结论有利于大都市：连接至高铁网络的大都市获得了巨大的发展机会。高铁在改善许多中小城市可达性的同时，更大地改善了大城市的可达性（图3-4）。高铁开通后，交通成本降低，越来越多的乘客从其他地区以成本更低、更为便捷的方式涌向大城市。大城市从而不断发挥空间集聚效益，进一步提高了其竞争力。

对于高铁廊道中的中小城市受益而言，不能一概而论，有的带来空间的正效益，也有的是负效益。一方面，高铁给中小城市的发展带来了机会。一些研究甚至认为高铁对中小城市的影响要比对大城市的影响大得多（Cervero et al，1996）。高铁开通弥补了一定距离内飞机所形成的空间上的区位空白（Blum et al，1992；Ross，1994；Ureña et al，2009）。许多中小城市通过连接至高铁网络改变了在传统高速廊道中的孤立地位，获得了相对区位优势，如西班牙的科多巴（Córdoba）、萨拉戈萨（Zaragoza），法国的里尔（Lille）等城市（图3-4）。这些城市与大城市之间便利的交通基础设施帮助这些城市获得了大量的经济活力，包括中等规模的商务与技术咨询顾问公司、城市观光业，以及会展、会议等相关活动（Ureña et al，2009）。另一方面，为了追求更快的速度，尽可能缩短大城市之间的交通时间，高铁在运营上不得不减少停靠小站的次数甚至取消小规模的站点（Hall，2009），而对于那些经济发展条件不好的城市可能存在"虹吸效益"，许多中小城市连接至高铁网络后其发展的机会反而减少，产生消极效益（Berg et al，1998），这就是所谓的"中间地带"，比如东京—大阪（Tokyo-Osaka）沿线的名古屋（Nagoya）和巴黎—里昂（Paris-Lyon）沿线的勒克鲁佐（Le Creusot）。

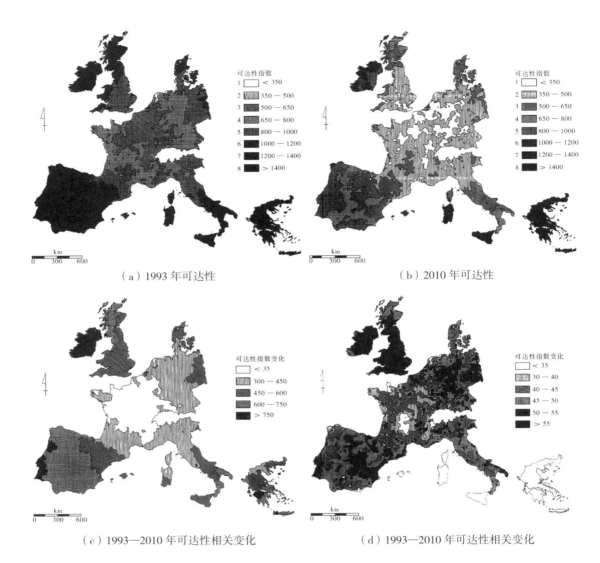

（a）1993 年可达性

（b）2010 年可达性

（c）1993—2010 年可达性相关变化

（d）1993—2010 年可达性相关变化

图 3-4

图 3-4 1993—2010 年 欧
洲主要经济中心城市可达
性的改变

那么，从城市规划的角度来看，中小城市怎样才能够收益
于高铁呢？本书认为三个因素决定了中小城市就高铁的收益大
小：城市规模大小，在高铁网络中的地位以及与大城市的距离。
这三个因素相互作用并决定了高铁对其影响的大小（Stanke，
2009）。也就是说，需要根据自身和周边的情况而定。第一，城
市本身及所在大城市群的规模是决定高铁对城市影响效果的一个
关键指标。钟（Jong，2007）将商务办公租金作为指标来分析高
铁站点地区的吸引力，通过对影响高铁站点商务办公的诸多可能
因素进行关联研究发现，区域和城市的人口规模、生产总值是最
重要的。阿什福德（Ashford）是英格兰东南高铁沿线的一个人口
约为 11 万人的中等规模的小镇，其从高铁开通中所获得的收益
要远远小于那些区域中心城市，如科隆、里尔、里昂及塞维利亚

（Preston et al，2006）。里昂，相比其他欧洲大都市区域，其相对较小的人口与经济规模也决定了其不能够与诸如米兰或巴塞罗那等城市竞争（Thompson，1995）。第二，在高铁网络中的地位也同样被认为是影响发展效果的一个关键要素。里尔位于巴黎—伦敦—布鲁塞尔三条高铁网络的交点，虽然不是特大中心城市，但枢纽的地位促进了该城市的快速发展，是一个典型案例。第三，与最近大城市的距离，通常用中小城市与大城市的交通时间来衡量。根据哈曼（Harman，2006）的界定，存在三个衡量范围：通勤市场小于等于1小时；主要的市场为1.5—2.5小时；长距离的市场为2.5小时以上。

在中国高铁运行后这些规律也逐步显现。高铁网络减少了交通所形成的障碍，较之以前人们更能够来去自如。因此，高铁沿线那些拥有高质量资源的城市进一步加强了吸引力。那些拥有大量资源的城市（比如上海、北京和广州）能够吸引到更多的资源。另外一些拥有密集型知识资源的城市（如南京和西安），或者拥有较高旅游资源的城市（如杭州、昆明等）也将获得更多的发展机会。但是事实也证明并不是所有高铁廊道内的城市都能够受益于这一交通基础设施。对于某些中小城市而言，它们的空间效益发展也可能因高铁廊道的建设而逐步丧失。

中国高铁的发展，这种交通方式所形成的时空压缩效应也已产生。笔者的博士生汤晋在其毕业论文中从时空收缩视角对高铁空间效应进行了实证研究。在从技术、经济、社会三个层面回顾了交通基础设施发展与城市空间演化的相关理论、时空地图、空间插值和分析技术等技术工具的基础上，借助地理信息系统（GIS）工具对近10年来长三角地区空间结构的演替进行研究并得出结论：高铁极大地缩短了长三角地区的时空距离，其收缩程度要远远高于高速公路。同时，高铁改变了核心城市的辐射范围，呈现出复合化的发展态势。

城市规模大小、在高铁网络中的地位、与大城市的距离，这三要素决定了高铁廊道内城市发展的受益大小。城市规模大小和与大城市的距离是较难改变的，因此，在高铁廊道中如何找寻城市自身的合理定位至关重要。一方面，不能不顾中小城市的自身条件而一味地认为通了高铁就可以快速发展，盲目规划建设高铁新城、新区。另一方面，也要认识到对于连接至高铁网络的城市，那些拥有高质量的、独特资源（如旅游观光资源、特色产品资源、知识密集型的劳动力资源、特种产品集散与会展资源等）的城市将会获得更多的发展机会，城市规划中也可以通过与廊道内的其他城市错位发展形成特色资源，提高该城市在网络中的地位，从而获得更多的和可行的发展机会。

3.4 高铁通勤与新型城镇化

在空间距离较远的两城市之间的"通勤"对于传统的城市化方式将是一种挑战。要通过航空实现两地间"通勤"的可能性很小,除了成本高外,全程受干扰的因素也多,航空班机也经常误点,正点到达的可靠性很低。虽然传统普通铁路的正点率高,但低速度、低频率,时间成本高。高速公路同样受到的干扰因素很多,其正点率也无法保障。与其他交通方式相比,高铁具有全天候、大运能、高速度、高频率、低能耗、轻污染、少占地等优势。只要票价合适,车的班次频率足够,出行观念发生相应地改变后,那么采用高铁来往于两地以实现空间距离较远的城市之间"通勤"是完全可行的。

国际经验表明高铁开通使用后,将在很大程度上逐步改变人们的出行观念和方式。以法国的第一条高铁线路——巴黎—里昂线为例,其运营于1981年,1985年截止交通出行量增加了56%,火车出行的比例增加了151%,而飞机出行比例则下降了46%。2007年中国第六次铁路大提速以来,据统计,2007年4月18日,南京火车站发售当日沪宁线动车组车票约1.5万张,而在此之前,该站沪宁线上的客流每天仅为6000—7000人次。与铁路形成鲜明对比的是,2007年4月18日,沪宁线所有的公路客流仅为4200人,上海与南京直达班车的上座率仅为20%左右。由此可见,交通工具的革新改变了人们通常的出行观念和方式。

对于高铁网络而言,存在着两种网络:第一种,通勤距离网络,有人称之为"一小时都市圈"。在通勤距离内,高铁网络将所在的城市组成一个相互协作和协调的区域。随着城市的快速发展,城市与区域之间的联系愈发密切,高铁犹如区域各个城市的骨架,将区域内部的各个城市紧密地联系在一起。第二种,长距离网络,通常在1000km以上。高铁网络将两个区域相互连接,这时其主要影响范围则是两个相互连接的城市节点以及其相关的两个发展区域。

起初,搭乘高铁被认为是在距离为400—800km范围内对于个人出行而言最快和舒适的交通方式。但随着越来越多站点的设置,高铁逐渐成为一种可能的通勤工具,这将为大都市空间扩张和新型城镇化提供了一个新的范式。传统的城市化方式,随着城市功能的发展,都市居住功能、经济活动场所逐步向大城市集聚,相应伴随着城市空间的扩张和蔓延。但当连接中心大城市与周边中小城市的高铁开通后,那些居住或工作场所所在的大城市腹地或者更远地区与中心大城市及城市群间的可达性越来越高,使得这些人能够更便捷地往返于它们之间,从而加强了这类城市的吸引力,也加强了城市的辐射力。中小城市扮演了大城市郊区化以及传统区域城市化的双重角色,形成了一种新的城镇化的途径。

其中典型的案例为马德里—雷阿尔城（Madrid–Ciudad Real）以及伦敦—阿什福德（London–Ashfod）。雷阿尔城（2003 年居住人口约为 65703 人）是马德里—塞维利亚高铁沿线的一个中小城市。高铁开通之前，该城市可达性很差，与马德里之间几乎没有任何通勤交通工具，在 1981 年只有全省不到 10.9% 的人口居住在这个小城，同时也未能吸引到任何的人口或者投资。1992 年马德里—塞维利亚高铁的开通，使得这个城市与马德里中央车站的通勤时间少于一小时，距离为 100km，最短通勤时间为 51 分钟。高铁开通后许多原先并不居住在雷阿尔城或者该省的居民，开始逐渐搬至该城，每天或者每周通勤马德里。相同的情况发生在阿什福德——一个位于英格兰东南高铁沿线，距离伦敦市 88km，人口约为 10 万人的中等规模的小镇。1996 年阿什福德国际站开通后，乘坐高铁的运营时间从 70 分钟减少到了 37 分钟。20 世纪 90 年代，其人口增长率比整个英格兰的东南部地区高出 11%，就业率要高出 6%。从 1996 年开始，阿什福德的不动产价格增长了 26.5%，其房屋的空置率从 1998/1999 年的 13% 下降至 2004/2005 年的 8%。与此相比，其余地区从 7% 上升到了 9%。到目前为止，阿什福德已经成为大伦敦地区的一个重要的通勤城镇。

与欧洲等国家不同，中国城市拥有很高的城市密度。连接长三角、珠三角以及京津唐地区的三大人口密集区域以及其余八个小规模的城镇群的城际高铁，将会形成一种新的城镇化途径，从而形成一种新的城市区域关系。中国正处于城镇化转型发展的新阶段，大城市的部分职能将逐步外溢，高铁的建设将改变以往传统外溢的路径，使得大城市周边的中小城市能够在承担自身区域城市化的同时，积极融入大城市的分工中去。对于个人而言，它可以自由地在区域内部流动，在一个城市居住，通过高铁通勤（日通勤或者周末通勤）去另外一个城市工作逐渐成为一种常态。王兴平等人 2009 年对沪宁高铁廊道进行的一次职住区域化组合现象的调查中发现，在南京和上海两大中心城市之间周末通勤的现象越来越普遍。在上海半小时高铁通勤距离以内，当日往返的通勤现象也越来越多（王兴平等，2010）（表 3–3）。

同时我们也注意到，在新的城市化进程中和新的城市—区域体系形成的过程中，不同城市之间缺乏有效的合作机制是城市规划所面临的巨大的挑战。高铁网络强化了不同城市之间的联系，但是空间的影响与管理的范围并不匹配。许多政府认识到高铁能够繁荣地方经济，都想抓住高铁带来的机遇，但是彼此之间缺乏有效的合作机制，激烈的竞争势必带来产业的同构、资源的浪费。

从以上所述的高铁的第二种长距离网络来看，长距离交通与功能区整合显得尤为重要。

表 3-3　沪宁沿线城市就业者、居住者及职住配调查抽样计算表

就业城市	就业者（W）（人）	其中居住者（H）（人）	职住配比（Z）（%）
上海	49	42	85.71
昆山	7	5	71.43
苏州	15	11	73.33
无锡	17	12	70.59
常州	13	9	69.23
丹阳	2	1	50.00
镇江	4	2	50.00
南京	94	56	59.57
其他城市	9	4	44.44
合计	210	142	67.62

2000 年 8 月，日本交通政策审议会提出了一份"一天旅行圈"的倡议，提出要在东京、大阪、名古屋、札幌和福冈等主要区域的城市之间实现三小时可达性，这其中包含实现新干线和传统铁路的方便换乘。

事实上，绝大多数高铁连接的是大城市之间的交通。高铁通过高速运营的列车将两个或者多个大都市区连接成为一个整合的功能区域或者说形成一个整合的经济廊道（Blum et al，1997）。勃鲁姆等（Blum et al，1997）检测了在短期、中期以及长期廊道内的经济整合效益。结果显示，短期内高铁不仅将整合客运和货运市场，同时还将整合劳动力的资源、购物行为、私人休闲娱乐等活动。中期范围内高铁将导致个人住房与企业选址在一个高铁廊道内的要重新进行区位选择。实证调查也显示这种重新选择无论是从大城市转移到从中小规模的城市或者从中小规模的城市转移到大城市都会发生，如巴黎—里昂（Bonnafous，1987），更多的证据见前表 3-1。长期范围内，在一个动态模型的帮助下，勃鲁姆等（Blum et al，1997）指出在改变居民交通出行方式的条件下，高铁廊道将会产生一种全新的区位发展模式。海恩斯（Haynes，1997）同样也运用空间作用模型在日本、法国及德国通过实证证据进行阐释，高铁减少了交流阻力，劳动力流动更为容易，从而提高了劳动力市场的效率。

伴随着高铁相连的城市与高铁未连接的城市所带来的巨大区域差异以及高铁廊道内部巨大的空间分配差异，高铁对区域空间结构的影响逐渐呈现。高铁作为一种交通功能可以分为通勤与长途运输两种方式，这两种方式对区域空间结构与功能都产生了重要的影响。

3.5 法国里尔站带动区域发展案例

里尔（Lille）是法国北部加来海峡大区首府和北部省省会，也是法国北部最大的工业城市，临近比利时边界，2005年人口约为16.6万人。其还是亚麻纺织工业中心城市，除亚麻工业外，还有毛纺织、机器制造、化学、食品等工业，其南部有丰富的煤矿资源。

二战之后，法国经济复苏较快，里尔的工业生产和建设活动都很活跃，里尔、图尔宽和鲁贝的工业化、城市化进程加快。同时法国于20世纪50年代制定了全国性区域规划，在里尔东部又建起了一个新城，这些城市相互联合构成了法国最大的城市联合体，成为法国最重要的工业中心（图3-5）。

但从20世纪60年代末开始，一场经济危机席卷法国，整个加来海峡大区遭受到传统工业衰退的打击，煤炭、钢铁、机械制造和纺织等传统产业不断萎缩。由于缺少发展新型工业和高科技产业的基础和动力，里尔这个一度辉煌的工业中心，逐渐萧条了。

许多学者对里尔进行了讨论，包括布鲁内尔（Bruyelle，1994）、纽曼等（Newman et al，1995）、贝尔托利尼等（Bertolini

图3-5 里尔站在欧洲高铁线路中的区位图

图3-5

et al，1998）、贝尔托利尼（Bertolini，2000）、崔普（Trip，2008）。在经济上，作为法国重要的制造业基地，里尔的优势产业包括纺织、服装加工及采矿业，由于煤炭和纺织行业的衰退，里尔遭受了经济危机的重创。在社会层面，由于经济的衰退，里尔的失业率（尤其是年轻人）居高不下，社会—空间的分割日趋严重。在空间上，里尔的系统性活力不足，老城的文化氛围也不够浓厚，需要向服务业和高科技产业转型，发展新兴产业，创造就业岗位，提供教育和培训机会，为新的城市功能和活动提供物质空间更新，塑造邻里活力。当面临全面的、日趋衰败的命运时，里尔市开始积极寻找经济转型、发展第三产业的机遇。为了实现复兴里尔的目标，里尔城市规划研究所接受委托进行了详细的调查研究工作，决定以城市规划为引领，运用空间战略作为里尔市及整个加来海峡大区摆脱经济危机的一种手段。

1986 年，法国、德国、比利时和荷兰共同签署协议，同意建设欧洲北部的高铁网络。通过高铁建设带动区域发展给里尔地区走出困境带来了曙光。里尔城市联合体（CUDL）的努力争取使两个大型建设活动——高铁系统（TGV）北部网（巴黎—里尔—布鲁塞尔）和英吉利海峡隧道连接里尔成功，里尔的区位优势显著得到提升，并成了联系法国至英国、比利时、荷兰等西欧邻国的重要交通枢纽，同时里尔市及里尔地区开始复苏、活跃。

起初，法国国家铁路公司（SNCF）主张将 TGV 的车站设在里尔市南部的塞克林（Seclin），这样既可以节约建设成本，也可以缩短路程时间。为此，里尔市皮埃尔·莫鲁瓦（Pierre Mauroy）市长提出"不要让高速列车停在沙漠中"，并力主在里尔市中心设站。由于莫鲁瓦市长曾在 1981—1984 年担任法国总理，凭借他的政治影响力以及开发公司的推动，逐渐有多家银行以及地方商业机构给项目投资。后来，法国国家铁路公司得到了 8 亿法郎用于补偿其提高的建设成本和损失的利润，使其改变了初衷，把TGV 车站移至里尔市中心。此外，在里尔市建站还面临着里尔地区其他城市的怀疑和反对。随着补偿金的逐步到位，以及多个大项目在其他城市的如期开展，反对声才渐渐平息。

同时担任里尔城市联合体主席的莫鲁瓦市长认为，必须使里尔所在的区域整体发展，其才能吸引足够的人流和投资，成为欧洲一线城市。在里尔城市联合体的努力下，鲁贝、图尔宽等多个城市政府达成协议，明确了多极化的发展原则，各地方政府共同支持里尔站的公共事务和项目投资。同时由里尔城市联合体提供帮助，将里尔的地铁线路延伸至鲁贝和图尔宽，使里尔带动这两地的城市更新。这个协议充分体现了同担风险、利益均沾的原则。里尔城市联合体的此项举措，不仅使里尔从 TGV 获得的发展机遇扩大到整个区域，有效地促进了区域整体发展，而且，也使里尔的项目资金来源大大增加。

里尔的实践证明：车站的选址，一方面应打破高铁站点仅是"交通网络上的节点"的旧观念，应将车站选址与地区发展联系起来；另一方面，应注重对既有条件的重视，在地区的整体中选择适宜的中心来发展。里尔市就是利用特殊的地理位置，经过多番争取，终于抓住了高铁发展的历史机遇，与伦敦、巴黎、布鲁塞尔三个城市通过高铁相连，乘坐 TGV 列车从里尔到巴黎只需 1 小时，到布鲁塞尔 25 分钟，到伦敦 2 小时。由此，巴黎、布鲁塞尔、伦敦这三个城市的经济活力直接辐射到里尔。在里尔地区，里尔与图尔宽、鲁贝及新城等相联合，构成了目前法国最大的城市联合体和法国第二大具有国际辐射力的都市圈、欧洲物流中心。

里尔市新建的高铁车站里尔欧洲站位于旧城边缘，是法国最大的省级火车站，服务于国际高铁线路。里尔原有的火车站里尔弗朗德站服务于通往巴黎的高铁系统（TGV）以及其他国内铁路。这两座车站之间的距离约为 500m。这个交通枢纽实现了高铁、传统铁路、城市道路以及高速公路的转换，地下铁、有轨电车以及公共汽车的换乘。TGV 与新旧车站、国际与国内、城际与城市内交通网络的良好接驳，使里尔一跃成为欧洲可达性最好的城市。高铁枢纽为里尔带来了周边半径 300km 内约 1 亿名的消费者。这让里尔在欧洲的重要性获得提升，成为法国北部边境的门户。里尔成为工业城市转向工商服务业城市的典范，不仅大大提高了其知名度，更成为欧洲区域的新节点（图 3-6、图 3-7）。

在站点地区发展层面上，位于旧城边缘的这一选址极大地促进了里尔老城的更新，与服务业和商务经济相关的（包括办公、服务、购物、住房、文化等）多样性的城市项目开始实施，通过站点地区的开发促进了老城活力的提升；在空间上，通过"柯布西耶桥"的建设强调与老火车站、城市中心的联系；在景观上，在火车站台和站前广场之间设置了著名的"TGV 视窗"，以加强站点地区与老城之间的视觉联系；在功能设置上，站点地区与老城中心是互补错位发展而不是相互竞争。比如在商业业态上，站点地区面向年轻消费群体，大力发展折扣店。1995 年，仅投入使用一年的里尔欧洲站的载客量为 8000 人次 / 天，至 1997 年周末搭乘 TGV 的乘客达 13500 人次 / 天，该地区内的办公楼以仅是伦敦、巴黎、布鲁塞尔三地租金的 1/3 的低廉租金，使其在尚未投入使用前已拥有 40% 的预订率。从发展结果上来看，里尔在区域中的角色得到了加强，有效巩固了里尔城市联合体内的消费者，甚至吸引了比利时人前来消费，其影响甚至跨越了国界。站点地区在办公、文化、娱乐以及会议展览设施上也取得了巨大的成功。同时，也为紧邻的里尔市老城中心带来了众多游客，保存完好的 19 世纪工业城市风貌得以充分展示。

图 3-6　模型研究里尔欧
洲站与城市的关系
图 3-7　欧洲里尔与里尔
站全景鸟瞰

里尔—弗　里尔欧洲　里尔欧　　　城市
朗德站　　站综合体　洲站　　　公园

图 3-6

图 3-7

　　在城市建设方面，在新旧两座车站之间的三角形空地上，拟通过建设一个商业中心来解决商业经济衰落的问题。里尔市政府聘请了荷兰建筑大师蕾姆·库哈斯（Rem Koolhass）于 1988 年规划设计了里尔欧洲站（Euralille）这一大型城市中心公建项目。这也是这位著名建筑师与传统城市肌理决裂，建立现代城市规划模式的重要代表作。这一庞大工程是里尔继 TGV、英吉利海峡隧道

图 3-8　里尔站与车站商
业综合体

图 3-8

之后的第三个重要的城市建设工程，其目标是将里尔建设成为欧
洲中心城市之一。它是一个极为宏大的工程，是服务于整个加来
海峡大区的商务中心（图 3-8）。

　　里尔欧洲站项目建成以来，商业活动十分繁荣。和里尔市中
心的传统商业相比，里尔欧洲站地区的商业开发更时尚且更国际
化，吸引了周边城市以及比利时等地的大量年轻消费者。

　　里尔欧洲站一期建成之后，各种公司就纷纷进驻。良好的市
场前景吸引了包括联合利华、欧尚等在内的多家国际知名企业进
驻。巨大的客流同时带动了里尔欧洲站项目写字楼、购物中心和
酒店等公共空间需求的增加，而商务发展又带动了就业机会的增
加，对当地的失业情况也有所改善。1996 年，里尔欧洲站共有
2800 个就业岗位，其中 2000 个是新增加的。至 2001 年，里尔欧
洲站共提供了 6500 个就业岗位，商业中心平均每年吸引 1400 万
名游客，会演中心则每年接待 100 万人以上的来访者。里尔欧洲
站的经济影响是不容置疑的。其中，商业中心起到了关键的作用，
它充分利用毗邻火车站的区位优势，吸引了远距离的顾客来此购
物。一项名为"城市郊区转变为市中心的价值研究"的报告显示，
该工程竣工后吸引了大量来自周边城市的年轻人。里尔欧洲站成
为法国城市更新的一个样板，即便是反对者也不得不重新认识这
一建设项目的优异之处。城市形象的改变使城市极大地受益，围
绕建筑的论战也逐渐开始附和公众的观点，公认里尔欧洲站为城
市带来了收益。

　　在里尔欧洲站一期项目成功的基础上，又迅速开发了里尔欧

洲站二期及三期项目。里尔城市发展的重点逐渐由传统中心向枢纽节点转移。在不到 10 年的时间里，里尔欧洲站已经成为一个以商务办公为主的城市综合性门户，并在向"服务于整个海峡大区的商务中心"发展。在里尔城市的东南部，建起大学与科技新城，距离城市 6km，地铁 1 号线开通连接此新城。同时，用两条轨道交通连接东北部的两个工业卫星城——鲁贝（Roubaix）和图尔宽（Tourcoing），其距离里尔城市 13km。里尔进一步带动了区域的良性发展。

4 高铁触媒下的城市空间规划

4.1 高铁对城市空间发展的触媒效应

从理论上来讲，高铁只是城际间的交通设施，它带来的是区域间交通结构的巨大变化，但是其产生的影响绝非仅仅是区域交通，它对城市的经济、社会、空间结构等都产生重要影响。

目前大规模高铁的建设，特别是大型高铁综合交通枢纽的建设成为推动城市空间结构重组的重要因素之一。中国城市的转型发展，新型城镇化的需求，城市建成区的更新与优化等，基于这些中国城市发展的阶段性特征，高铁对城市空间发展将主要起到触媒作用，这种作用体现为以下三个方面：

（1）集聚功能催生新增长极

时空压缩带来了城市空间相对位置的改变，尤其是一些城市间的通勤距离已少于一小时，同城化效应带来了特定城市之间的互补性，城市间的联结性和互补性的体现，将会引发高铁集疏运配套系统的建设和为它们活动的城市功能在高铁站点地区的集聚。

（2）站点设置引发城市空间系统突变

在中国，由于前段时期城市化的快速发展，大量的经济技术开发区、新城位于主城的边缘，因此，在规划设计中将大多数的站点设置于主城边缘，而不是像欧洲重点选择在老城中心。这一区位选择提供了整合主城边缘地区的发展机会。它们在城市经济发展中起到了重要的作用，但是也存在公共设施缺乏、环境质量较差，甚至空城现象等问题。以南京市为例，2009 年，郊县的制造业所创造的地区生产总值占全市的比例达到 30.84%，但是，绝大多数人口仍然选择居住在主城区。2007 年，南京市主城内部的人口密度为 12790 人 $/km^2$，新区的人口密度则为 2000 人 $/km^2$（南京市人民政府，2010）。这一现象给南京的城市发展带来了许多严重的问题。高铁站点选址于南京主城与江宁副城的交接处，站点及其周边地区的建设为整合主城与江宁等地区提供了一个机遇，目前的实施发展良好，并逐步加强了这一地区的吸引力，在站点地区逐步形成了南京主城三个城市级中心之一，给城市边缘地区的发展注入了活力，可以说引发了城市空间系统结构的变化。

（3）交通接驳方式形成以公共交通为导向的城市用地开发模式

绝大多数的中国城市在快速城市化的过程中经历了一个无序的空间蔓延。高铁的建设、"门到门"的出行新模式或许是疏理和改变这样一种城市扩张方式的有效途径。以公共交通为导向的城市用地开发的发展策略和空间形态正在站点地区发生与形成。

因此，可以说高铁的触媒作用在城市空间发展中推动了城市开发与空间发展转型。但需要说明的是，高铁的设站只是城市系统发展的催化剂，集中体现在空间结构的重构与经济发展和转型两个层面。然而，高铁并不是一个充分的条件。在城市系统的重构与经济发展转移与升级过程中，同样需要城市的原有基础、劳动力素质、发展环境以及政策等相关因素。如何应对高铁所带来的发展机会是城市规划面临的挑战，如何协同城市空间发展与站点地区建设是其中的一个重要应对原则。不同的发展条件、不同的区位应采用不同的发展类型。

4.2　站点区位差异与三种发展类型

根据站点的不同区位，霍尔（Hall，2009）将高铁对城市空间的影响分为三种类型。通过国外的研究成果，以期对中国的情况有所借鉴。

第一种类型为站点在主城区范围内，位于传统商业中心的边缘。比如法国的里尔欧洲站、比利时的布鲁塞尔南站、荷兰鹿特丹的中央车站、英国伦敦的国王十字火车站以及西班牙的马德里火车站等。这一类地区往往成为商业投资的吸引点，并且站点的设置进一步加强了原有城市中心的地位。根据相关研究，这一类型在应对各种投资的时候展现出了较好的应对能力（Ribalaygua et al，2010）。但并不是所有都能发挥这种良好效应，仍然依赖于其现存的物质、经济环境的整合程度（Todorovich et al，2011）。正如前所述，高铁并不是一个城市发展的充分条件，其只起到触媒作用。中国城镇由于老城区的交通拥堵、用地拆迁等问题，以及当时的城市发展阶段性价值观等情况，基本没有出现在传统商业中心边缘布置高铁站点的现象。

第二种类型为通过站点地区开发建设一个新的城市中心。在区位上，站点与原有老城相邻但是并没有隔开，比如大阪 [Shin-Osaka（New Osaka）] 站、里昂（Lyon）的帕特迪约（Part Dieu）车站、卡塞尔威廉城堡山（Kassel-Wilhelmshöhe）新火车站、伦敦的斯特拉特福（Stratford）火车站、巴塞罗那东边的圣家堂（La

Sagrega）火车站等都是创造了一个次级的城市中心，但是其用地和空间发展并没有与原有的老城完全分割。

第三种与第二种在空间概念上有所差异，这类站点跳开主城位于城市的腹地，站点地区被规划建设为新的商业"边缘城市"。如日本神奈川县的新横滨站，英国伦敦的埃布斯福利特（Ebbsfleet）国际火车站，法国阿维尼翁（Avignon）的新阿维尼翁站，荷兰阿姆斯特丹南站（Amsterdam Zuidas）等（Hall，2009）。

第二种和第三种类型的站点能够重组城市空间结构，转移城市发展的重心，促进城市边缘或腹地城市空间的再开发。通过整合城市路网、公共服务配套等基础设施网络，形成了新的节点与城市中心体系，促进了从单中心城市向多中心城市结构体系的发展（Priemus，2008）。但是该类型的站点也面临着与周边环境的整合形成极点，以及与原有城市中心的竞争等一系列严峻的挑战。这两种类型在中国的高铁站点布局中采用较普遍，由于以上两种挑战以及城市化发展的阶段性特征，该两种类型的站点地区都在发展与建设过程中，总体上来说发展缓慢，尤其是有的站点对高铁站点地区发展的期望值过高，单纯地一味抓物质建设，因而出现了问题。在即将建设的新线网的高铁站点选址与站区规划设计中，如何远近期结合、把握机遇、发挥优势、克服短板、主动协同与进行结构重组是城市规划下一阶段研究的重点。

4.3　空间规划的协同与结构重组

高铁如何在城市建设发展中更好地发挥触媒效应，更好地发挥正能量，需要在高铁线路选择和站点选址上与城市空间发展趋势协同，正确定位城市发展增长极，并促进城市空间结构向未来空间发展方向重组。

高铁与城市空间发展的时空契合协同是实现高铁运输效益与城市发展双赢的关键。两者之间的协同包括站点的选择、功能的组织以及与城市其他功能之间的关系等。高铁的线路选择和站点的选址毫无疑问与高铁运行的技术指标相关，但高铁是为人服务的、为城市服务的，因此其站点位置的选择需要与城市经济水平、社会使用以及空间发展方向相互协同，其站点地区的功能设置需要与当前及未来城市经济转型的方向一致，同时也要考虑与其他地区的协同整合。

高铁作为一种重要的基础设施进入已有的城市体系中，它需要从各个方面与城市的发展趋势相协同。要实现城市基础设施与城市整体空间协同发展，首先，我们需要探索和认识城市空间和基础设施的发展模式关系。其次，在此基础上，加强重要节点与系统的协同发展。

高铁站点作为重要的节点，不同的城市、不同的站点其发展所面临的问题都不一样。通过大量的案例研究去总结两者之间如何协同发展，基本可以划分为两种类型：

第一种是地区良好的发展条件吸引了高铁站点的设置，进而促进了站点地区的发展。如阿姆斯特丹南站，是城市空间的发展条件与站点地区的开发两个方面结合的成功案例。

阿姆斯特丹南站的所在地区具有良好的发展条件与吸引力。阿姆斯特丹的城市扩张在国际上一直被认为是"单中心"扩张的典范。从 1933 年阿姆斯特丹扩建计划开始，所有阿姆斯特丹市的空间结构规划都是以老城为中心，向心聚集发展。自 20 世纪 90 年代开始，在经济全球化发展的影响下，企业总部、金融和法律服务等高端管理，交通、贸易服务等高端分配以及文化、多媒体业等创意产业均逐渐成为阿姆斯特丹的主要经济力量。新的经济发展模式必然产生新的空间结构形态，银行、法律咨询服务等逐步从老城中心转移到城市外环。在社会空间的演化上，许多居住空间也转移到主城的外围区域，有许多都是未经规划自组织形成的（Salet et al，2005）。城市外环路的南侧成了阿姆斯特丹最具经济与社会活力的区域，该地区吸引了阿姆斯特丹南站选址于此。该地区的可达性很高，城市道路紧临城市外环线，乘坐铁路至机场仅需 8 分钟，公交、地铁等多种交通工具在此聚集，且未来多条高铁线将会通过阿姆斯特丹中央站直接停靠在阿姆斯特丹南站。站点地区开发也被荷兰国家政府确定为核心项目（National Key Project）之一。在站点地区的功能定位上，起初致力于发展成为国际顶尖的国际商务中心这一目标也很快得到了实现。其后阿姆斯特丹市政府积极调整了这一发展目标，使该地区致力于成为一个高质量的、多样化的城市中心，包括居住、文化、商业和办公等多种功能，使其在城市区域中的角色不断得到丰满，更具吸引力和活力。由于正确处理了与城市其他地区的发展关系，阿姆斯特丹老城中心并没有因此衰退，反而促成了一个强有力的增长，中小企业大量集聚，旅游业逐渐繁荣，无论是站点地区还是整个城市都由于这一项目而得益。

从城市发展的角度来看，阿姆斯特丹南站的站点地区开发强化了阿姆斯特丹作为国际商务中心的重要角色，促进了其从单中心向多中心的转化，改变和重塑了其城市的空间结构。

第二种类型是高铁站点根据城市的发展趋势去引导和促进城市空间的发展，其典型代表为里尔欧洲（Euralille）站。如前所述，它通过高铁换乘枢纽的建设，催生了城市新增长极，重塑了城市空间结构，并推动了城市的快速发展。

如果我们仔细对比这两种类型不难发现，它们有许多共同之处，虽然城市规模、经济潜力、社会环境以及在高铁网络中的地位、在城市中的区位等都差异明显，但是其建设的目标都是朝着站点地区与城市活力的方向进行，在站点的选址与功能定位上都与城市空间与经济发展趋势相一致，站点地区的建设对城市整体发展起到触媒催化作用。通过功能互补与特色彰显的发展战略，进行空间结构重组及活力激发的措施引发地区的整体发展，实践证明这有助于加强整个城市的整体竞争力与发展活力。

然而，在中国高铁时代来临之时，城市发展仍具有显著的特殊性。不确定性是高铁与城市发展所面临的最大挑战：无论是发展目标还是发展过程，中国的城市发展仍有着巨大的不确定性。中国城市正处在一个经济、社会的发展转型期和后快速城镇化的发展阶段，经济、社会、空间等许多系统正在建设和重构。很多因素都会影响城市未来的发展方向，比如人口的膨胀，城市发展政策、计划生育政策、土地政策的改变。以北京为例，2010 年北京人口达到了 1800 万人，提前 10 年达到了 2020 年的规划数值。人口快速的增长在极大程度上影响了北京城市的发展和空间结构。站点地区开发同样也存在很大的不确定性，这种不确定性体现在发展潜力、拆迁、政策等多方面。对这些问题的估计不足，在城市规划中将会作出错误判断。如在以往的高铁设站城市规划中，有些城市过高的估计了城市的发展潜力，站点选址离城太远，有的在离城市边缘还有 10km 的情况下仍然规划发展新城、新区，显然与城市空间的发展很难整合与协同，与已有的空间结构系统无法重组，只能是城市区域中的一片飞地，往往成为空城、死城而难以良性发展。

4.4　阜阳高铁选址促进城区发展实践

阜阳市位于安徽西北部、黄淮平原南端，1996 年撤地设市，现辖临泉、太和、阜南、颍上 4 县，颍州、颍东、颍泉 3 区和县级界首市，面积为 9775km²，总人口为 1011.8 万人，是全国人口大市之一。2010 年，阜阳全市的生产总值为 721.8 亿元，是"十五"末的 1.8 倍，工业化率和城镇化率双双超过 30%。随着阜阳经济社会的迅速发展，工业化和城镇化水平将进一步提升，对区域交通和城市交通均提出了更高的要求。

在城市总体规划修编中，重大交通基础设施建设与城市发展方向及土地利用的关系问题是一项重要内容。阜阳的城市发展在城市空间布局的调整中面临城市空间拓展和结构整合，同时也面临着老城保护的问题。城市交通基础设施作为城市空间布局的重要支持，一方面需要提高服务功能，创造优质的交通环境；另一方面在城市发展过程中，如何发挥交通系统的引导作用也成为空间布局发展和历史文化保护成功的关键。同时，伴随着机动化的迅速发展，城市交通拥堵现象日益凸现，能否有效预防和缓解城市交通拥堵、引导城市交通方式合理结构的形成也成为城市交通面临的挑战。这其中，高铁的选线和站点的选址无疑是影响城市发展和综合交通组织的关键性要素。

阜阳市铁路始建于1968年，1970年阜阳第一条铁路——濉阜铁路正式通车，随后先后修建了阜淮线、漯阜线和商阜线。20世纪90年代中期随着京九铁路的全线贯通和阜阳铁路编组站的建设，阜阳一跃成为全国重要的铁路运输枢纽之一，现有濉阜、漯阜、商阜、阜淮、阜九五条铁路线交会于此。

阜阳市区内的铁路站场现有阜阳站、阜阳西站、阜阳南站、阜阳编组站，另有企业、仓库专用线六条。其中阜阳站为一级站，候车厅为1500人规模，货场面积为6000m²，货位12个，集候车和综合服务等多项功能于一体，主要担负旅客列车的到发、地区小运转列车的到发及专用线作业。阜阳西站为地方铁路漯阜线的终点站，主要办理国家、地方铁路货车的交接作业。

阜阳编组站设在阜蚌路立交桥以北至茨淮新河，总投资近18.6亿元，全长约为10km，总占地范围约为8km²。该编组站规模庞大，为三级四场，全长为20.76km，224根钢轨并行，铺轨总长为147km，架设桥涵165座，新建道岔237组，改建道岔61组，远期日编解货物列车可达万辆，年通过能力1.31亿t，日通过客车32对，年客运量220万人次，是中国六大铁路枢纽之一。根据铁路交通规划，阜阳编组站由现状的三级四场改扩建为三级七场；新建漯阜线引入阜阳编组站的连接线路；实施阜阳客站改扩建工程，将客站的货运功能移至阜阳南站，原址扩建阜阳货运南站，并在京九铁路东规划新建货运外绕线；新建阜阳—六安—安庆的铁路线路和亳州—阜阳—合肥的客运专线。

由此进行交通发展趋势判断，区域综合运输体系将加速构建。未来一段时期内，随着公路网络的继续完善、商杭及其他客专的建设、航道的疏浚及港口的建设、机场的扩建，阜阳各种交通运输方式的发展均将实现新的飞跃。但出于对运输成本的考虑，在各种运输方式的规划和建设中，不再是类似以往各自独立发展的形式，而是更多地考虑利用各运输方式的优势领域，近、中、远程的客运分别依靠公路、铁路与航空，同时更多地考虑各运输方式之间的衔接与配合，公路承担其他运输方式的集疏运功能，铁、水、空之间的多式联运将迅速发展。而在枢纽站衔接点的规划和建设时，将更多地考虑"零距离换乘"和"无缝衔接"，交通枢纽选址的重要性无疑将更加突显。总之，只有以综合交通枢纽为核心，各种运输方式在发挥各自优势领域的同时互相衔接与配合，才能体现综合运输体系的一体化优势。

随着城市的发展，城市综合交通体系将实现跨越式发展。至

2010年底，阜阳中心城区的常住人口已达到103万人，进入特大城市的行列。而随着阜阳城镇化水平的不断提升，预计至2030年其中心城区的人口将达到200万人以上。城市规模的变化对于阜阳城市交通系统的定位影响深远。未来阜阳的交通发展模式不能仍然维持在一般大城市的水平，而应以特大城市的更高定位，重塑综合交通系统。首先，公共交通系统须改变以常规公交为主体的发展模式，形成以大运量快速公交系统为骨架的发展模式；其次，路网体系中亦应改变主、次、支三级路网体系，增加城市快速路这一等级，形成快速路、主干路、次干路和支路的四级路网体系；再次，在停车系统与慢行系统规划方面，应充分考虑到特大城市中心区的高度集聚性，制定不同区域差别化的发展策略。

低碳、绿色、智能发展成为时代的主旋律。随着阜阳人口数量的膨胀，阜阳城区内部的交通需求将迅速增长，若采用以小汽车为主体的高能耗的出行方式，势必带来严重的交通问题，尤其是在城市中心区，其交通需求将呈指数型上升趋势，以现有的道路网水平将无法满足需求的发展。与此同时，高能耗、高排放的小汽车，难以适应未来能源供应更加紧张、人们对生活环境要求更高的发展态势。因此，以公共交通为主体，常规公交、公共自行车为辅助，低能耗、低碳、绿色的出行方式将成为人们出行的首选。与此同时，随着城市道路拥堵现象的增多，运用新技术以提高交通管理水平、提高交通运行效率，也将是未来发展的一种重要趋势。

根据以上的分析和规划目标，我们应该如何进行高铁的线路选择和站点选址？

城市的发展模式在一定程度上决定了铁路枢纽类型的形成。城市形成初期或对于中小型城市而言，铁路枢纽一般为一站形、十字形或三角形。随着城市规模的扩展和城市功能性质的变化，城市人口众多、占地面积较大、区域分布复杂，要求有更多的铁路客货运枢纽以提供便捷的对外交通服务，因此逐渐形成了环形、半环形、放射环形或放射半环形铁路枢纽布局结构。这种枢纽布局结构能满足复杂的城市功能要求，通过能力较大，作业机动灵活，各类专业站布点合理，是最能便捷服务于大型城市的枢纽布局形式。

纵观世界各国的大城市，均已形成了环形或放射环形的枢纽布局形态，如巴黎、莫斯科、柏林、北京等城市均已逐渐发展成放射环形的铁路枢纽结构，芝加哥、纽约、伦敦、东京、圣彼得堡、上海等城市则形成了放射半环形的铁路枢纽结构。环形或放射环行铁路枢纽的普通特征是，引入枢纽的干线数量多，客货运量大，枢纽内的专业站数量多，设有两重或多重环线。

目前阜阳铁路枢纽包括阜阳编组站、阜阳站、阜阳南站和阜阳西站，为沿漯阜线—京九线设置的并列式布局。根据原来规划方案中的商杭客专的最新方案，商杭客专将利用阜阳站，并对其进行扩建，维持单一客站的枢纽布局。但结合阜阳交通需求发展状况、铁路站点规划和城市发展与土地利用关系，尤其是主动用高铁站点作为城市发展触媒，我们得出了如下的结论：

（1）建设阜阳新客运站是构筑区域铁路枢纽的需要

阜阳作为规划人口超过 200 万人的大城市，又是六路交会、十一线引入的全国六大路网性铁路枢纽之一，铁路年发送旅客近 900 万人，运送货物 3000 万 t，单一车站的阜阳铁路枢纽无法实现其作为区域铁路枢纽的功能定位。而在阜阳西部建设新客运站，将大大提升阜阳站的集疏运能力，进一步增加阜阳的铁路枢纽地位，提高区域竞争力。

（2）建设阜阳新客运站是满足铁路客流日益增长的需要

阜阳市域人口众多，铁路出行占据支配地位。阜阳站年日均旅客发送量保持在 6 万人次左右的高位，现有火车站的通行能力已基本饱和。而随着商杭客专的建设，未来铁路客流将进一步增加，而目前阜阳站位于城市老城核心区，周边用地受限，无法实现大规模扩建，难以满足未来交通需求增长的需要。新建阜阳新客运站，将大大提升阜阳站的运输能力，有效满足交通需求的增长，并且与主城区无天然阻隔，可实现便捷联系，提升集疏运效率。

（3）建设阜阳新客运站是加快铁路发展的需要

既有阜阳站目前同时承担高强度的客运和货运功能，用地空间已接近饱和。原来规划方案所提出的商杭客专走向为"穿梭"于既有线路之间，施工难度大、线形受限多、造价较高。京九客专、郑合客专及阜阳城际轨道等线路将难以进一步利用既有线路，无法实现铁路的可持续发展。而新建阜阳客运站，将可充分利用阜阳西侧的广阔空间，为阜阳铁路的发展提供必要的用地支撑。

（4）建设阜阳新客运站是带动新城发展的触媒

现有铁路线路对城市空间造成了分割，并且随着京九铁路电气化、商杭客专（现有路线方案沿京九、阜淮铁路线位布设）的建设，将进一步加剧城市空间的分割现象，对城市东部片区的土地开发造成了较大的影响。未来阜阳城市空间将主要向西南发展，而阜阳站距离该片区较远，无法为新城的发展提供较好的交通基础设施支撑。因此，高铁站的选址，应充分把握商杭、京九和郑合客运专线建设的契机，为西南部新区的开发注入强大的动力。

因此，总体规划在西南新城建设阜阳西站，实现阜阳铁路枢纽由"并列式"向"环形"布局的转变，构建"东西并峙""快慢分离"的铁路组织模式（图 4-1、图 4-2）。

图 4-1

图 4-1 阜阳市中心城区
公共交通系统规划图

目前，商杭客专前期工作已经启动，阜阳西站的规划与设计正在进行，规划京九客专在阜阳以北段与商杭客专共线，由阜阳西站引出后，继续向南，沿京九线西侧布设线位。

事实证明，阜阳高铁站点的选址重组了城市的综合交通系统，缓解了阜阳的交通问题，并作为城市发展的重要触媒，加速了城南新区的快速发展，在当前大部分城市发展缓慢的情况下，阜阳南部新城正良性、稳步的发展（图 4-3），受到当地市民的认同，成为城市发展的新范式。

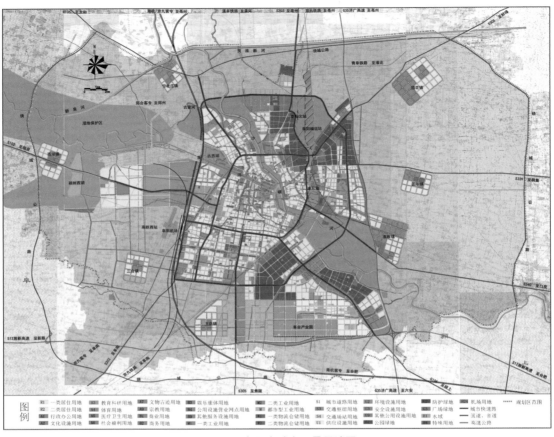

图 4-2　阜阳市城市远景用地图

图 4-3　阜阳市城南新区鸟瞰图

4.5　高铁机遇下的城市发展转型

城市规划具有主动性，不应仅仅是被动地应对，更应是主动地引导。针对中国当前的发展战略，城市发展的转型成为主要任务。

随着城市规模的不断扩大，空间无序蔓延、城市空间质量低下、人居环境恶劣、城市交通日益拥堵等现象日益突出。高铁网络这一对城市空间发展产生深刻影响的事件，无疑提高了一次机遇，让我们可以更好地运用它来促进当代中国城市的发展与转型，实现可持续发展。我们并不应期望高铁能够解决中国城市发展中的所有问题，但是基于高铁的可能影响，能够在重构城市空间结构体系中起到如下关键性的作用：

如前所述，高铁可以发挥一种触媒催化的作用。国际经验表明，对于转型中的城市，高铁的建设将提供一次重要的机遇。这些国际经验告诉我们在新的城市发展转型中，高铁廊道内的城市以及与其相连的城市应根据自身情况，来确定自身的发展规划。追求的应该是品质的提升和可持续发展，而不是一味地通过建新城、新区来扩大城市用地规模。

当前，全球经济危机造成中国经济多年来高速增长的势头首次出现滑坡，但也掀起了国家为应对危机而进行的以"保增长、促转型"为导向的新一轮基础设施建设热潮，高铁建设在其中占据重要地位。如何让高铁建设在发挥"保增长"重要作用的同时，成为"促转型"的技术推手和政策抓手，这需要我们更新空间视角——不仅需要充分借鉴国外发达国家的成熟经验，而且需要我们在中国的实际环境中进行更多的探索与实践。

高铁将在产业转移和升级过程中扮演重要的角色。对于位于中国东部的大城市而言，高铁将提供一个产业转型与升级的催化作用。在经济全球化的条件下，越来越多的制造业开始转移到中国的东部，然而传统的制造业是基于低劳动力成本、高能耗为前提的，随着劳动力成本的上升，转型与升级愈发迫切。同时，伴随着"西部大开发"和"中部崛起"等发展政策，越来越多的产业开始从东部转向西部。对于那些位于中西部的城市而言，连接至高铁的城市将会获得越来越多承接东部产业转移的机会。

城市规划要研究的是区域的整体发展、高铁沿线城市功能的差异定位、城市发展规模的预测以及产业的发展前景。当前，中国高铁正进入第二次飞速发展期，有助于促进产业转移和拉动旅游消费。但区域经济趋同效应可能会更加显现，安徽、湖北等高铁途经较多的中部地区是最有希望从中受益，其实目前已在现实中有所显现。

4.6 南京南站到南部新城规划实践案例

南京南站的选址促成了南京南部新城的形成。

京沪高铁南京站点的选址早在20世纪80年代就开始进行规划研究，当时总体规划采用南线的选址。但是至20世纪90年代初，按照铁道部、江苏省和南京市的研究协商结论，把高铁线路改到北面，且在总体规划中给予了控制，并指导形成了一系列相关规划与建设。十多年之后，2003年，铁道部由于配合西部开发实施沪汉蓉铁路东西通道的需要，又提出回归南线的规划设计方案，并同时把到京沪、沪汉蓉、宁杭、宁安等若干条高铁线路一并汇集到南站（段进，2009）。南京市政府从减少沿线拆迁量和引领城市空间向南拓展的角度出发，也支持南线方案。于是，经过十余年的多重博弈和南线北线的反复转换，该站点最终选择在南京主城与江宁新市区的连接部（图4-4）。

1）南京中心城区南部新中心

南京南站的选址对南京城市空间发展的结构产生了重要影响。首先是其在南京城市多中心网络框架中的定位研究。针对可能出现的南部新中心，东南大学空间研究所做了量化的空间模型分析，空间模型基于英国伦敦大学比尔·希利尔（Bill Hillier）教授所提出的空间句法理论，通过对南京市未来可能出现的城市空间构形状况，对南京今后的空间集聚现象做出评价。空间句法在全球数百个城市的相关研究已经证明了空间构形的集聚与人流、交通流、商业设施和城市中心的集聚有明确的相关性，东南大学空间研究所利用国内众多城市（如天津、南京、武汉、嘉兴等）数百年来空间数据的实证研究也证实了这种科学规律的存在。在对南京的空间聚积度进行分析时，如图4-5所示，三个空间集聚地区（红色的部分）正好是已经存在的新街口中心、正在形成的河西中心和可能形成的南部新中心。南部新中心的形成不是主观的臆断，而是科学的判断。其结论是南部新中心的形成是空间发展的必然，形成时间或有远近，但大的趋势是不变的。

我们也可以从常规城市的发展与需求分析，南部新中心的形成也是城市中心体系形成的必然选择。南京正处在单中心向多中心组团型城市发展的转型期。南京市原来是一个典型的单中心城市：在都市发展区中以主城为核心，而在主城中又以新街口为中心，城市的重心落在中山路一线的中部地带。单中心的结构给主城的中心区带来了巨大的压力，既不利于交通的疏散，也不利于城市空间的控制。针对这一问题，早在《南京市城市总体规划（1991—2010年）》中，就前瞻性地提出了由市中心区、河西副中心、七个地区中心及若干个居住区中心组成的主城公共中心体系。并适时利用举办十运会的契机，跳出老城，开发河西新区。

图 4-4 南部新城在南京市域层面的地理位置

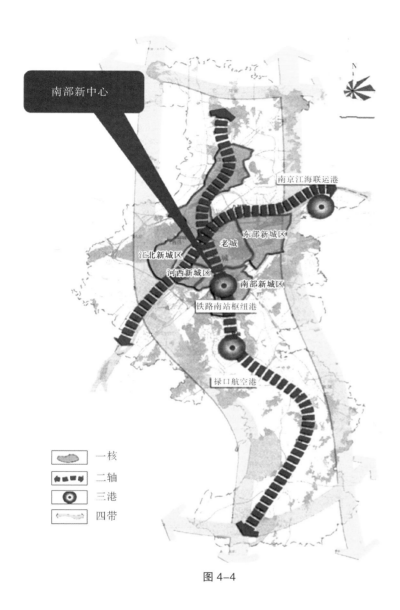

图 4-4

沿江东路一线，规划建设的中央商务区、奥体中心现已初具规模。

在主城南部，南京南站的选址和原有机场的搬迁是一个新的契机。便捷的交通条件、广阔的影响腹地和良好的用地潜力，决定了它的广阔发展前景——完全有潜力成为另一个城市的新中心，这就使得南京市由单中心的格局变为一主（新街口）两副（河西中心、南部新中心）的"金三角"多中心格局（图 4-6），这也契合了量化空间模型分析的结论。这样南京所构想多年的多中心网络化格局将得以实现，疏解老城服务、疏解老城中心的交通与发展压力的目标可以更快实现。

作为南京主城中心体系中金三角结构的重要一极——南部新中心，其影响不仅仅限于主城的范围，整个的东山新市区将接受

图4-5 空间句法分析——
南部新中心的形成

图 4-5

南部新中心的辐射。通过南部新中心，实质上沟通了南京传统上的主城范围和东山新市区范围，做大做强了南京中心城区，打开了南京向南发展的瓶颈，实现了对空间发展门槛的大跨越。从客观上来讲，一方面，这一地区确实有形成一个新中心的可能性，另一方面，我们也需要从打造多中心网络化的南京城市格局的角度出发进行主动的推进，并通过这种主动打造，带动原来偏于散乱的南京南部的整体发展，形成整合原有资源、共同协调发展的南部新城（图4-7）。

2）整合主城与东山新市区发展的关键地区

进一步，南京南部新区的重要意义也不仅局限于城区内部，它还是整合、沟通带动周边的关键地区，南部新区周边城市格局的完善将打通制约南京南部发展的交通瓶颈，可以让东山新市区更快更好地融入南京主城区。以往由于大校场机场和秦淮河的阻隔，南京主城与东山新市区联系的卡子门至宁溧路一带成为南京主城与东山新市区最便捷的交通联系走廊，但随着东山新市区的

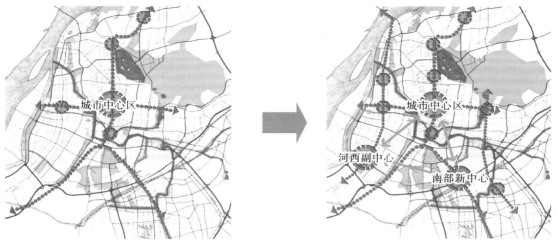

图 4-6

图 4-6 南京城市中心:
从单中心向多中心转化
图 4-7 南部新城区的
发展背景: 双港联动、
280km² 的城市动力走廊

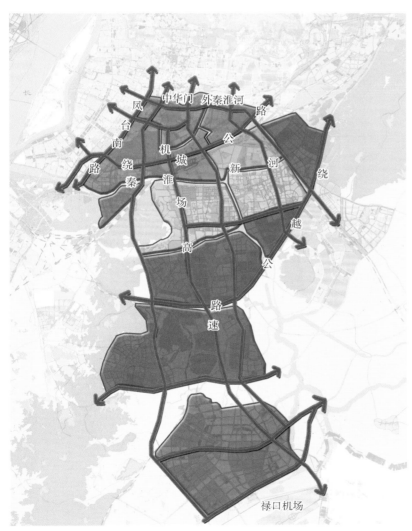

图 4-7

不断发展，这条联系走廊已经拥堵不堪，成为南京向南发展、江宁向北联系主城的阻碍，随着南部新城的整合规划和交通梳理，这一阻碍将可以大大缓解，南京向南的发展轴将迅速打开（图4-8、图4-9）。

　　同时，随着高铁与城际铁路的建设，如第2章第2.6节所述，南京南站将成为华东地区重要的综合交通枢纽，是铁道部规划的京沪高铁的五大始发站之一，会集了京沪高铁、宁杭铁路、沪汉蓉城际铁路、宁安城际铁路等四条国家与区域铁路干线。京沪高铁将促使南京成为长三角与环渤海两大城市群对接的第一站。同时随着横贯东、中、西的沪汉蓉城际铁路的开通，南京作为长三角城市群西端的中心城市将成为长三角与湘鄂赣、成渝都市圈衔接的重要枢纽，是连接南方与北方、东部与中西部的枢纽。因此，南京未来的区域发展战略，对上海应更好地接受辐射，及早融入沪宁杭"一小时都市圈"，强化与上海及杭州的"同城效应"，积极推进长三角一体化进程。而对南部、北部与中西部则应发挥华东综合交通枢纽的作用，形成多层次的服务业，提升南京市的创新产业水平，扩大辐射与融合，南部新城将承担更大的职能。

图4-8　南京主城和东山新市区的阻隔

图 4-8

　高铁时代的空间规划

从高铁站点选址到区域发展的研究成果均受到高度重视，关于南京第三中心的建议被南京市城市总体规划采纳。南部新城的战略和建议也被采纳并成立了南部新城建设指挥部。

但我们在实践中碰到的问题是国家组织高铁和城际铁路网与枢纽布局时，从宏观的角度考虑了在全国发展大局中该城市的地位与作用，但相关城市本身则不能迅速应对由此所带来的城市地位与作用的变化而进行区域战略调整。因此，在城市具体的规划与建设中很难强化和发挥国家高铁建设所带来的正面效应。这不仅与我们的发展观和认识水平相关，也与中国城乡规划的编制程序与体系相关。区域与城市总体规划的修编时效在应对区域重大基础设施环境变化时存在着时间与空间上的矛盾。城市功能、土地使用、空间组织都难做到及时调整。从中观的视野来说，国家高铁具体规划设计与实施的部委多考虑自身的运行规律和价值，而较少考虑城市的运行规律和价值。在整体发展中如何达到这两种价值的平衡，并且应对变化进行城市结构重组是当前许多城市面临的规划新课题。具体对于高铁与城际站点的选址来说就是交通枢纽价值与城市功能价值的平衡，对于城市规划来说就是进行

图 4-9　南京主城和东山新市区的打通联系

图 4-9

城市结构重组并充分发挥交通枢纽给城市带来的正面效应。

具体落实到站点地区规划，高铁与站点地区的建设不能单单只注重交通价值而忽视城市功能价值。在城市功能价值中应该注重从宏观到微观，从社会经济到城市空间发展的综合功能，而不仅仅是注重形象美学功能。改革开放至今，中国的城市化以三十多年的时间走完了英、美等发达国家的百年城市化进程。快速的发展形成了这个时期城市发展的阶段性特征：城市规模成倍增长，基础设施与景观环境的现代化水平明显提高，城市经济空前增长。但城市繁荣的同时，问题也日显突出：空间发展无序、资源枯竭、环境恶化、贫富差距增大、城市效率降低等问题已困扰城市的发展。事实证明，以往的城市化模式已经不可持续，这种发展模式即将结束，新的发展阶段正在形成。

随着社会经济发展的转型，城市规划设计不仅是做好应对落实，更重要的是做好空间规划来引导与推动城市发展转型，充分发挥城市空间的主动性和能动性。社会经济的发展转型，要求通过绿色、集约、节约型城乡建设，达到"生态、文化、和谐"，量质并进，同时彰显特色、提升文化成为新的城市发展目标。南京南部新城整体规划与城市设计面对以往发展所形成的现实问题，建立新的城市发展理念，努力达到以高铁建设为触媒，顺应城市空间发展规律，科学重构城市空间结构与形态，对城市肌理与城市功能进行修补，并以保护生态环境和自然山水及其作用为前提，结合地区开发与更新，对城市的自然环境生态进行修复。可以归纳为以下几个方面：

（1）改变快速扩张时期的分散发展模式，梳理城市空间发展的整体秩序

从中国快速发展时期城市建立的各种类型的新区和新城发展的一般规律来看，追求量的快速发展成为主要前提。为提高效率，城市被分片割裂发展，通过竞争和相对独立管理来促进超常规发展，这种模式和过程达到了规模的快速扩张作用，相应的问题是低价竞争，以低价土地换发展，无底线的给优惠条件，造成城市功能重复建设、空间结构整体无序、空间形态体现为弱控制下的孤立隔离蔓延发展，"城中城""区中区""城中村"不断涌现。

尤其是这种发展模式必然造成对城市战略性空间和整体结构的关注不足，对城市战略性空间资源的浪费，使得城市在未来更高层次的发展中失去机遇而付出巨大的代价。通过转型期的发展机遇研究，对城市整体进行空间发展战略和空间管理体制的调整，追求城市各组成部分之间生长的整体秩序，协调轻重缓急，严格控制战略性空间资源是转型期城市发展首先应解决的治源问题。

南京南部新城地区在规划前的管理体制和空间发展处于"四分五裂"的状态，有五个行政机构平行管理，有两条快速道将空

间划分为四个不相关的发展区，因此，该地区的原有发展目标是分散的和街区级的，并且相互无序竞争。通过战略研究和发展规划，我们梳理了城市空间发展的整体秩序，确立了该地区在城市未来发展中所承担的南京主城第三中心的重要地位，并且相应进行了空间整体城市设计和管理体制建议，形成了该地区的空间整体发展目标、定位和发展策略，严格保护了 $3km^2$ 多的生态用地，并预留了 $1km^2$ 多的战略用地，为城市未来发展中国家和国际级项目落户留下空间。该规划与研究成果随后在南京市城市总体规划中得以落实，并成立了南京南部新城建设指挥部，使该地区的建设进入了整合提升的发展轨道。很显然，在新时期的发展转型中，城市发展理念不是快速扩张，而是做优做强；不是局部优先，而是整体战略。

（2）把握高铁站点重大工程建设的机遇，宏观系统地塑造新时期城市空间特色结构

随着中国城市化的深入发展和国力的强盛，在城市建设中将产生如世博会、青奥会、运河申遗等重大工程，这些工程是重构与发展城市空间特色的重要机遇。值得注意的是，新时期这种重构空间的理念是整体的系统化，而不是追求景观的宏大叙事。所谓整体的系统化是指借重大工程的建设机遇，整合城市自然、人文和建成环境的新老资源，积极保护利用、整体发展创造，构建城市空间整体的、系统的空间特色骨架。

南京的山水形胜，南宋时形成"虎踞龙盘"的格局，明清时期"因天材、就地利"形成"山水城林"融为一体的城市空间特色。作为历史文化名城，是仅仅被动地保护，还是在历史的基础上发展？当代的发展在历史上将留下什么印记，几百年后拿什么申遗，特色是什么？

以往从南京市控制性详细规划拼合图中已很难领略到城市的山水特色，新的城市空间将如何对城市文化、自然山水、空间特色和地方感进行整体城市设计，这是一个深下去与统上来的过程。

南京南部新城整体城市设计将该地区的设计与南京南站枢纽的建设、民国大校场机场的搬迁以及明外郭—秦淮新河百里风光带的建设等大事件有机结合，宏观系统地对南京主城的城市空间特色结构进行了整体的重构。在保护好原有三条历史文化轴线和景观特色区的同时，拓展了山水形胜的空间特色骨架，将河西新区、南部新城和老城有机地整合在一起，并将新时期城市空间发展的重点——慢行系统、公共活动空间和文化休闲设施融入其中，形成了当代"井"字形的特色空间发展轴，进一步彰显了南京独特的四重城墙和山水城林相互映衬的典型特征（图4-10）。

（3）建构低碳、绿色、人文的空间形态，引导城市功能与

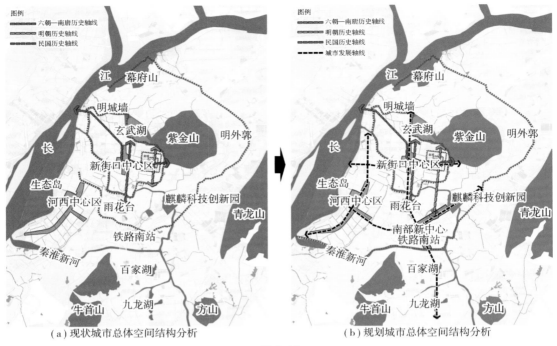

（a）现状城市总体空间结构分析　　　　　　　（b）规划城市总体空间结构分析

图 4-10

图 4-10 南京总体空间结构

生活方式的发展转型

"空间的构造以及体验空间、形成空间概念的方式，极大地塑造了个人生活和社会关系"（郑时龄，2011）。在新时期的城市设计与建设中，倡导低碳、绿色、人文的新型空间形态有利于推动社会、经济和城市的发展转型。

首先，以私家小汽车为主、车行快速为导向的城市结构应向人性化的综合交通空间形态转化。在南部新城的整体城市设计中，我们采用了小地块密路网与慢行系统及地铁的结合方式，并进行了道路断面的人性化设计，形成了一种新型的生活空间形态，做到了公共交通快捷、消减区内堵车、空间尺度人性化。

再者，城区功能从追求近期经济效益和快速发展的模式向可持续发展和提升空间环境品质转化。南部新城在规划期内将第二产业外迁后不再是进行纯居住开发，而是向软件、信息、总部、休闲、文化服务业转化，形成新型低碳、绿色的生产与生活综合功能区。建设创业园、青年公寓等各种优惠配套设施，吸引人才，规划未来在此形成南京软件谷的核心区。

更重要的是，复兴人居文化、提升环境品质，实施新时期城市空间发展的文化战略。一个国家的空间发展目标必须包含强势的文化层面，以确保本土文化和多元地方文化得到保护与发展。继承与发扬历史与文化传统特色，保护好珍贵的自然与地方人文资源，探索全球文化与地域文化连接的途径，创造具有中国特色的多样化的城市新文化，拓展文化空间是新时期整体城市设计的重要内容。南京南部新城整体城市设计中积极提供空间机遇来达到展示和发挥文化资产在地区发展中的作用。首先从宏观层面对物质文化遗存进行疏理，对非物质文化进行挖掘、重塑，落实在空间中即延伸了明故宫轴线，新建了高铁枢纽来沟通秦淮河的轴线，恢复了城市以方山、牛首山为天然之阙的整体布局意向，构建了内外秦淮河的绿道系统。其次在中观层面进行文化景观空间的织补与重构，如通过恢复神机营广场、保留民国机场跑道以及地上地下空间融为一体的设计等对历史文化与城市印记进行保护、传承与发展（图4-11），同时与人性化的慢行与公共空间活动系统、生态环境系统结合，创造宜居环境。最后在微观层面优先增加和布置文化性空间并进行系统性规划。如优先进行教育和文化设施的配套与布局，规划博物馆、美术馆、文化馆、文化娱乐设施等，形成南京市的文

化客厅，创造文化空间以促进市民参与文化活动，提供各种文化活动的可能与信息，鼓励公共和私人机构更广泛和灵活地参与文化活动的组织与场所建设（图4-12、图4-13）。

图4-11 南京南部城市山水文脉

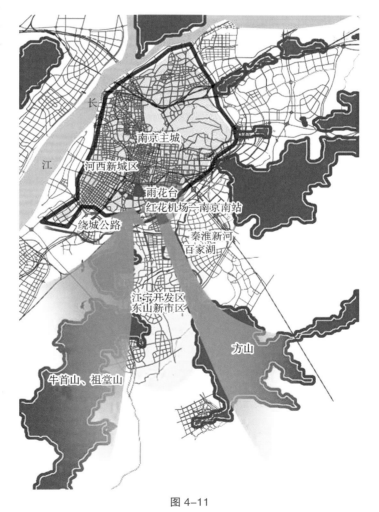

图4-11

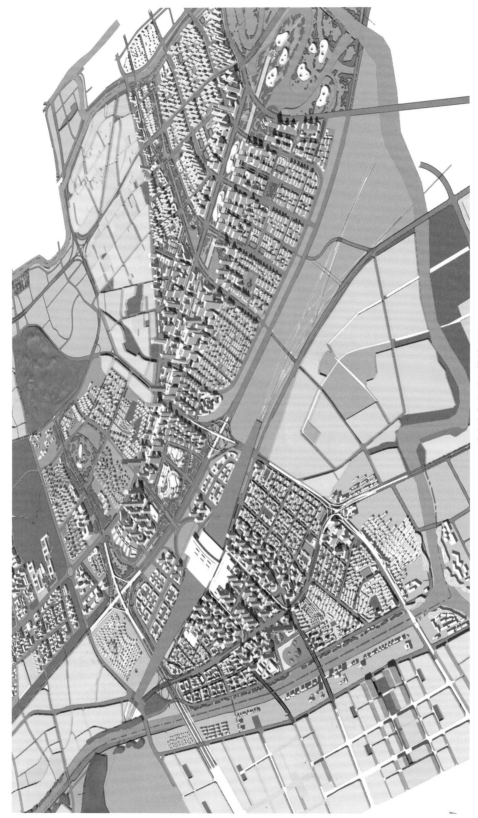

图 4-12 南京南部新城总体效果图

高铁时代的空间规划

图 4-13　保留原有机场跑道形成文化客厅的南部新城

5 综合效益引导的站点地区设计

5.1 站点空间布局与空间换乘便捷度

换乘是高铁站点的高效运营和便捷出行的关键要素。增加高铁站点换乘工具的种类，缩短高铁与其他交通工具之间相互换乘的时间和距离，可以提高站点的空间换乘便捷度。笔者的博士生殷铭及其团队对长三角地区的高铁站点进行了普查，通过调研量化的归纳分析研究得出，换乘工具种类越多，换乘时间和距离越短，空间换乘便捷度越高；站点空间换乘便捷度与换乘种类的数量成正比，与换乘距离和时间成反比。空间换乘便捷度这一概念的提出为认识站点空间的换乘情况提供了量化评价标准。通过在此基础上的进一步深化研究，我们确定了影响站点空间换乘便捷度的关键要素，并提出了在站点的规划设计中如何来提高站点空间换乘便捷度。既往研究中关于站点换乘空间的组织通常以经验研究为主，多采用类型学的研究方法，对各种换乘模式进行归纳总结，这类研究具有一定的指导意义，但尚未清晰地回答影响要素与规划设计应用的问题。

在对长三角地区高铁站点进行田野调查的基础上，经过换乘便捷度计算，结果显示，无论是大型综合性交通枢纽，还是中小型站点的空间换乘便捷度均有高有低。相对来说，在特大型枢纽中，上海站的空间换乘便捷度较高，上海虹桥站的空间换乘便捷度较低；在中小型站点中，浙江三门县高铁站的空间换乘便捷度较高，江苏昆山市阳澄湖站的空间换乘便捷度较低。那么究竟是什么要素影响空间换乘便捷度？在对站点空间换乘便捷度的统计评价后，我们把站点规划布局中的关键要素归纳为站点在城市中的区位、站房规模、布局模式这几方面。通过相关性分析，对影响站点空间换乘便捷度的关键要素进行辨析。研究结果发现，虽然站点区位、站房规模等要素对站点空间换乘便捷度产生一定影响，但是它们并不存在显著的相关性，而站点的空间布局模式与站点空间换乘便捷度之间存在明显的相关性，站点的空间布局模式是影响空间换乘便捷度的关键因素（表5-1）（段进等，2013）。

表 5-1　空间换乘便捷度综合评价表

站点名称	空间换乘便捷度规格化数值	站点名称	空间换乘便捷度规格化数值	站点名称	空间换乘便捷度规格化数值
三门县站	100.00	苏州园区站	43.58	无锡站	24.17
金山北站	70.11	南京站	42.59	松江南站	24.06
诸暨站	65.81	温岭站	39.56	镇江南站	23.79
上虞站	63.88	余杭站	38.72	苏州新区站	23.60
余姚站	60.80	杭州站	38.72	丹阳北站	23.43
杭州南站	59.64	桐乡站	36.65	南京南站	23.28
奉化站	56.77	苏州站	35.19	常州站	22.56
宁海站	55.93	海宁西站	33.35	苏州北站	20.57
台州站	55.72	嘉善南站	32.56	惠山站	20.38
上海站	55.22	无锡东站	30.74	阳澄湖站	19.55
绍兴站	48.31	镇江站	28.14	花桥站	18.16
临海站	47.81	无锡新区站	27.56	昆山南站	14.72
嘉兴南站	46.51	常州北站	24.76	丹阳站	14.18
宁波东站	44.42	上海虹桥站	24.36	戚墅堰站	14.03

　　进一步研究站点空间布局模式，可以归纳为五个要素：高铁站房、站场、广场、道路（含城市道路与车站专用道）与换乘工具站场。站点规划布局始终围绕这五个要素之间的空间关系展开（郑健，2010）。在对长三角地区高铁站点调查的基础上，我们根据以上要素之间的空间关系，以高铁站房为参照系，将站点布局模式抽象为站前式、两侧式、单侧式、集聚式和串联式五种类型，详见表 5-2（段进等，2014）。

　　结果表明，站点空间布局模式影响了换乘时间和距离。高铁站房的进出站口与换乘工具下上客点之间的相对位置和空间关系是影响换乘距离和时间的关键要素。一般原则上换乘工具的下客点应当尽可能地邻近高铁站房的进站口，以方便乘客以最短的时间和距离进入站房候车大厅；高铁站房出站口也应尽可能邻近换乘交通工具停靠站场的上客点。

　　相比其他模式，集聚式布局模式能够在最大程度上减少换乘时间和距离。通过车站专用道将站前广场分为景观广场和集散广场，将换乘工具的上下客点设置在集散广场和车站专用道两侧，避免了进出站过程中穿越巨大的广场或站房，极大地缩短了换乘时间和距离。目前许多规划将景观广场与集散广场混为一谈，降低了出行效率。在立体式布局中，集散广场常演变为高架落客平台和地下换乘大厅，通过高架和地下车站专用道，将上下客点引

表 5-2　站点空间布局模式特征

模式	典型布局图示		重要特征	站点名称
	平面	立体		
站前式		—	平面式布局；换乘工具站场位于站房前面，毗邻城市道路	丹阳北站；嘉善南站；桐乡站；海宁西站；余杭站；绍兴站；临海站；余姚站
两侧式	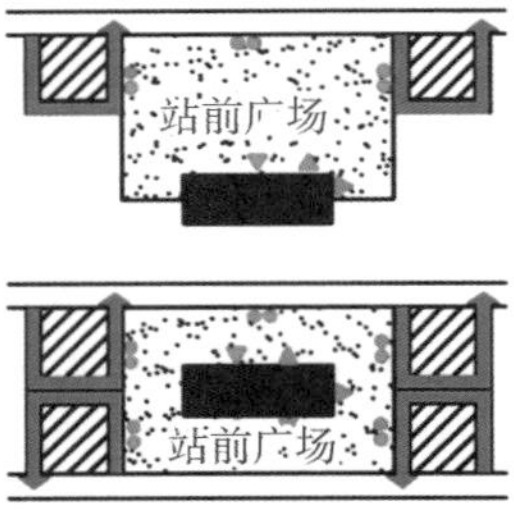	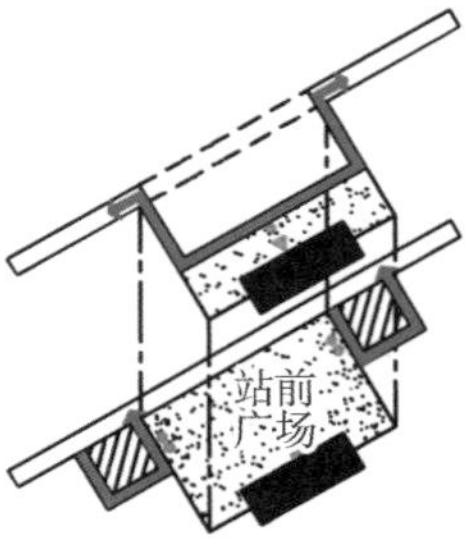	平面式或立体式布局；换乘工具站位于房前两侧，呈"一"字形、"U"字形布局；可采用立体式布局，将车站专用通道通过立体高架引入站房。换乘工具的下客点位于城市道路车站专用道或站场内，上客点则位于换乘交通工具的站场内	南京南站；镇江南站；常州北站；昆山南站；花桥站；无锡东站；苏州新区站；丹阳站；惠山站；上海虹桥站；无锡新区站
单侧式	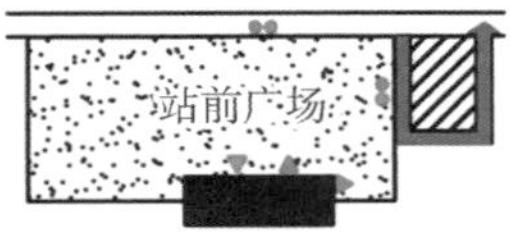	—	平面式布局；换乘工具站场位于站房一侧；换乘工具的下客点位于城市道路或换乘工具的站场内；上客点主要位于交通工具的站场内	戚墅堰站；阳澄湖站；松江南站；宁海站
集聚式	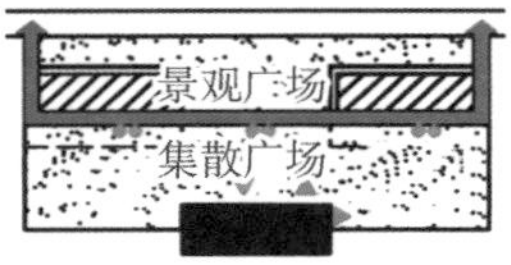	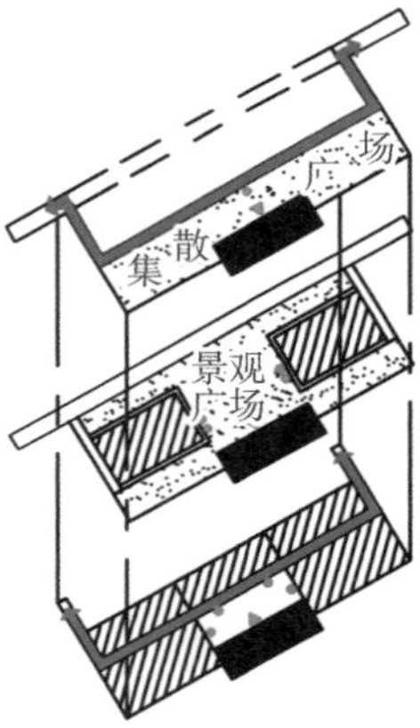	平面式或产体式布局；站前广场分为集散广场和景观广场，并通过车站专用道（平面高架或者下穿）将其分开；重要站场集中布置在站前专用道两侧	南京站；杭州站；上海站；苏州园区站；嘉兴南站；上虞站；诸暨站；台州站；温岭站；苏州站；金山北站；奉化站；三门县站
串联式	—	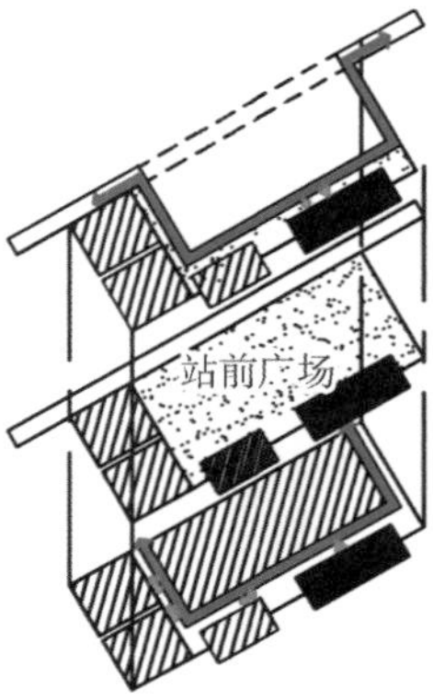	立体式布局；换乘工具站场和高铁站房一起围合站前广场；通过高架和地下车道串联各个站场；设置换乘大厅，围绕换乘大厅组织换乘	镇江站；常州站；无锡站

入地下换乘大厅和站房。采用该布局模式的站点空间换乘便捷度普遍较高。

站前式布局模式将换乘交通工具的站场置于站前广场上。其换乘的时间和距离取决于换乘站场与高铁站房之间的相对距离，距离较近的站点空间换乘便捷度相对较高，而距离较远的站点空间换乘便捷度较低。因此采用该布局模式的站点，其空间换乘便捷度有高有低。

两侧式布局模式的空间特征为换乘交通工具站场在站房两侧；串联式布局模式呈现出站房、换乘交通工具站场以串联的"L"形围合站前广场的特征。部分站点通过高架或者下穿等方式将车站专用道引入站房或换乘大厅，以减少部分交通工具进出站的时间和距离（多为出租车和社会车辆）。但是，总体而言，两侧式和串联式布局模式均在不同程度上拉大了某几类交通工具的换乘时间和距离。在进出站的过程中，部分交通工具的换乘需要步行穿越巨大的站房和广场，降低了整体的空间换乘便捷度，如昆山南站。

单侧式布局模式的站点基本上为城市片区型站点。一方面，该类型站点的规模较小、客流量较低，在站房一侧布置换乘站场能够解决换乘的需要，但换乘工具的种类较少是影响空间换乘便捷度的重要因素。另一方面，在该布局模式中，如果高铁站房的出站口与换乘站场不在同一侧，那么换乘过程中也存在着跨越站房和广场进行换乘的现象。如无锡新区站，其出站口与公交站场的上下客点分别位于站房两侧，从出站口步行至公交站场需要穿越整个站房，从而增加了换乘时间和距离。

因此，在未来高铁站点的空间规划设计中，宜尽可能采用集聚式布局模式。这是对以往和当前高铁站点一味强调门户、气势，追求大规模、大框架，强调轴线对称的批判。大规模、大框架的站点设计，空间布局较为分散，易拉大换乘时间和距离，降低换乘便捷度，给旅客换乘增加不便。

当然，高铁站点的换乘是一个复杂的系统，其交通组织、站房管理、时刻表的匹配等多个要素也在影响着空间换乘便捷度。多层次的构建便捷、舒适的换乘体系，以及提高空间换乘便捷度是高铁站点规划需要综合考虑的重要因素。

5.2　站点地区的圈层式功能业态

随着社会经济的发展，城市公共交通优先和服务意识逐步强化，特别是城市轨道系统和城市快速公交系统的发展。结合高速、城际铁路的快速发展，高铁站点与公交系统的综合一体化，正逐步向综合交通枢纽发展，这成为中国高铁时代的发展新趋势。"零换乘接驳"的综合枢纽发展已成为交通枢纽设计的基本理念。新时代的高速与城际综合交通枢纽已越来越多地变成了城市错综复杂的交通网中的重要交会点，成为承担区域联系、城际联系、都市圈通勤与市内交通的综合性交通枢纽。

这种综合性交通枢纽是一个能力极大的客流交换中心。大车站每年的客流量就有几千万人次，甚至有上亿人次。对于城市而言，日平均进出几万人到几十万人的地方本身就形成了一个"小社会"和空间节点，有往来的人群聚与散、消费、休闲、工作，还有各种服务人员与设施，这必将促使站点地区成为具有大量人流的、富有活力和消费需求的城市活力地区。

也有一种观点认为这个活力地区主要是交通枢纽的功能，很难形成其他功能群。那么到底是否有其他什么城市功能在此集聚？这些功能的空间布局是否有规律性？国际上的经验研究表明，高铁站点地区的商业、商务区和便捷的交通集散功能在新交通时代是存在相关性的。国际上许多专家对此进行了归纳研究，并发表了许多文献对此进行了探讨（表5-3）。

表 5-3 站点地区的相关功能

	站点地区的基本功能
贝尔托利尼 （Bertolini，1996）	节点：在当前信息社会中，一个连接重要的物质流和信息流的集结点。 场所：在一定时间内不能够与节点特征共享的、永久的和流动的居民活动的场所
加切尔 （Juchelka，2002）	三种功能：（1）相互连接多种交通方式；（2）中等城市中的商业、文化、休闲等功能；（3）对于那些大型站点来说，城市中的商业中心或者城市中心的功能
沃尔夫浩斯特 （Wulfhorst，2003）	采用28个指标整合站点地区的土地利用，站点建筑的利用方式，交通方式整合模式以及铁路运输需求
皮克等 （Peek et al，2008）	四种不同的发展模式：（1）集合器：连接各种交通基础设施的建筑环境。（2）交通节点：由其在交通网路中的等级地位所确立的交通节点。（3）交流场所：一个满足城市使命多样化的城市生活的场所。（4）城市中心：提供一个居民生活和混合利用的土地资源
曾普等 （Zemp et al，2011）	五种站点地区的功能：（1）连接城市与交通网络；（2）支持不同交通模式之间的换乘；（3）促进商业和不动产的发展；（4）提供公共空间；（5）作用于场所感的形成

在这些讨论中，突显出两个概念："站点"和"站点地区"。一方面，站点是一个节点，是一个连接重要人流、物流和信息流的集结点。另一方面，站点地区是一个场所，是一个居民与流动

人口的活动场所，是一个与站点相关的综合性空间场所。站点地区与站点两者的价值合理匹配是实现站点地区发展的关键。

站点的价值不仅仅依赖于站点在交通网络中的地位，而且依赖于城市在区域城市网络各种"流"（如信息流、资金流等）中的地位。站点地区的价值则依赖于站点价值，同时还依赖于站点地区在城市中的区位、站点地区的功能以及空间质量等。

然而，当前国内站点地区发展中出现了许多不匹配的案例。价值高的站点匹配价值低的站点地区或者在站点价值低的站点地区规划了高的站点地区价值的现象也比较多。比如上海虹桥综合枢纽，它拥有很高的站点价值。综合交通枢纽包括虹桥国际机场、上海虹桥站以及地铁2号线、5号线、7号线和10号线四条线的地铁站，还有长途汽车站等多种交通方式等。然而，站点地区因为机场中48m的限高，使得站点地区不能进行高强度开发。

低的站点价值匹配高的站点地区价值这一现象在中国更为普遍，尤其是对于那些中小城市而言。这些城市过分地夸大了高铁在城市发展中所扮演的角色，认为连接至高铁就会极大地繁荣当地经济。在站点地区规划并安排了大量的高等级大型项目，比如商务、商业、娱乐休闲以及房地产等。以某县级市高铁站为例，其是京沪高铁沿线的一个三级站点，每天有18辆列车停靠该站点。地方政府希望该站点地区能够成为一个新的商务、商业和娱乐中心。然而相对较低的站点价值很难实现高等级站点地区价值，相反可能是被虹吸，前面章节已有叙述。这些不理性的决策与我们研究问题的不深入、不全面有关。以站点地区的商务功能为例，基于可达性对商务产业及商务空间的重要性，相关研究与决策往往就此片面强调高铁对于商务产业的促进作用以及城市转型发展的需要，很多规划不顾自身条件在站点地区规划了大量的商务用地。我们认为，可达性仅仅是影响商务空间发展的一个必要因素，但并不是全部条件。站点的价值以及城市经济发展的潜力等许多外部的因素同样也会影响站点地区的开发，站点地区的发展需要整合可达性以及其他的相关因素，包括整合外部交通和内部交通，与城市的其他地区错位互补发展等，这样才能避免恶性竞争、盲目规划。

关于站点地区功能的空间布局规律，通过大量的实证调查，舒茨（Schütz，1998）根据站点的影响范围将其归纳为三个圈层发展区域：核心发展区、次级影响区以及影响发展区。核心发展区是在车站为起点，5—10分钟能够到达的范围；次级影响区是高铁车站附近通过互补的交通工具在15分钟内能够到达的范围；超过15分钟的区域则将其界定为影响发展区。

核心发展区内高铁的影响效果最为突出。在该区域内部，原则上可以节省绝大多数的城市内部交通时间，这个区域内部并不需要其他的互补交通方式。除此以外，由于该地区与高铁网络最为接近，因此在最大程度上受益于区位的改进。这就是为什么在核心发展区里面会出现高等级的办公和居住功能，土地和不动产价格也会不断上升。大量的房地产投资、高密度的开发也会出现在该区域。特别是对于那些寄希望通过高铁刺激城市经济增长的各方主体，它们往往会在这一地区投资。

在次级影响区，高等级的功能同样也会出现在这个地方，但是不动产价格和建设密度要远远低于核心发展区。开发商也较少一开始就会关注这类地区，但随着地区开发的逐步成熟，这个区域的条件会得到不断的改善。

影响发展区受到高铁相关的直接效益影响不太明显。

一般意义上，核心发展区通常被界定为站点地区，通常以站点为圆心、500m 为半径或者"10 分钟步行圈"进行划分。

目前国内比较普遍认可的站点周边地区功能开发也是圈层结构。其主要依据是以公共交通为导向的城市用地开发（TOD）理论。枢纽地区以综合交通枢纽为核心，混合各种功能，呈圈层结构布置。核心区——其中交通枢纽、商业、商务、贸易、办公设施等城市公共设施布置在核心区域，服务半径在 800m 范围以内，以步行为主；拓展区——居住和公共服务用地相混合，同时对外与对内服务，服务半径为 1500m 左右；影响区——半径为 1500m 以外的区域，布置对外服务功能以及为主体功能配套的功能区。

高铁站点周边地区的城市开发建设应遵循以下原则：依托于交通枢纽及地铁、轻轨站点的高强度、紧凑、圈层式的功能业态布局；开发强度随着圈层向外逐渐减小；强调混合用地和建筑的综合功能建设理念，包括商务、商业、公共服务设施、居住、娱乐等功能的混合；拥有适合步行的安全便捷的环境，最佳步行范围应以交通枢纽为圆心的 300—800m 的区域；宜采用地上地下一体化的网络式城市开发模式。

根据国内外交通枢纽尤其是铁路综合枢纽的发展趋势和相关理论，枢纽地区往往成为城市土地利用的峰值地区，并将成为城市新活力中心形成的触媒点。其具体表现为以下特点：①当代国际上的高铁综合交通枢纽有交通综合、功能复合、城市节点、生活中心这四个方面的特点；②高铁站点从区域交通节点发展成为城市公共交通换乘枢纽，并大量服务于城市通勤人口；③枢纽周围的高强度开发和商业、商务等公共功能与便捷的交通疏散在轨道交通时代是可以共存的；④ TOD 的发展倾向明显，卓越的区位与网络运输条件，使得该地区对于城市商业、商务以及高端服务业的发展有着极强的吸引力。

5.3 站点地区的空间形象与品质

站点地区的空间形象和品质塑造属于城市设计的内容。

在国际上，对站点地区的空间形象是否重要亦做过许多相关研究，一项站点地区的不动产价格影响因素的研究提出了影响站点地区办公租金的一系列因素。通过比较西北欧八个高铁站点发现，在位列前五位的影响要素中，第一位是区域经济，第二位就是站点地区的空间形象（Jong，2007）。标志性的建筑能够创造一个现代化的国际化形象。德国柏林中央火车站，花费130亿欧元重建后形成城市地标。站点地区的建筑主要由明星建筑师完成，如哈迪德在萨拉戈萨的"桥"，库哈斯和包赞巴克在里尔的克莱迪特大厦和蛋形会展中心等。

在中国，空间形象不缺乏重视，高铁站点被认为是重塑城市门户形象的机遇。国内一些老火车站地区（尤其是春运等节假日期间）人流量大，人员混杂，站前交通复杂，整体环境较差，服务质量较低，治安条件不好（图5-1）。活动主体以过往旅客为主，大多数来去匆匆，是城市的脏、乱、差和不安全地区。除乘火车出行外，本地居民或游客很少到火车站地区活动。

现在的高铁站点地区在功能上由过去相对单纯的对外交通集散地，逐渐演变为城市交通网中的交会点，与地铁、轻轨、快速公交系统、长途汽车客运、社会与出租车等交通系统的整合和一体化发展，使得火车站地区承载了越来越多的城市公共交通与经济服务的功能。在使用上，实现了旅客的"快进快出"，站前广场减少了往日的喧嚣，成为环境优良有序的城市公共空间，这是一个被实践证明了的现象，广州老火车站开通地铁之后也出现了类似的现象，上海南站、北京南站、南京站改造之后都是如此。

铁路站点地区担负着与其他城市联系的门户作用。站点地区就被认为是一个塑造城市形象的窗口，通过建筑及其环境塑造城市空间形象，形象与审美展示成为中国高铁与城际枢纽地区的重要功能之一。现代化的综合交通枢纽站房、大规模开发的商业和

图5-1 中国火车站的旧印象

图 5-1

商务区、集散广场、景观轴线、生态公园等都成为展示形象的重点工程。毋庸讳言，中国对空间形象的过分注重也造成了许多站点建设中的浪费和浮夸。

相对而言，针对中国的现状，提高站点地区的整体空间品质显得更为重要。

空间中什么要素在影响着站点地区的空间品质，需要去界定和梳理。崔普（Trip，2008）对里尔欧洲站、阿姆斯特丹南站、鹿特丹中央火车站等进行了案例调查研究。通过对站点地区建设的相关利益方的访谈，讨论了如何去理解站点地区的空间品质，以及空间品质具体应该包括哪些内容等问题。研究成果显示，决定站点地区空间品质的主要因素有以下方面：在空间结构与肌理方面的街区模式、地块大小、建筑密度和不同年代的城市肌理；在建筑方面的建筑质量、建筑组合方式、建筑形式和材料；在城市社会、经济文化方面的文化氛围、创意和教育设施、环境质量、社会治安、生活的多样化、城市文脉等；在公共空间方面的步行空间、公共空间的系统性与多样性等，包括站前广场在内的不同种类的广场、休憩空间及各种各样的娱乐休闲设施、公园等都与空间品质息息相关。

空间质量不仅依赖于城市设计，还有赖于城市的社会经济与文化基础。目前国内外比较公认的是，在现代交通系统的支撑下，综合性交通枢纽应该是对全市开放的交通运输和服务枢纽。站点及其周边地区不再是单一的交通集散空间，而是整合交通服务、商业、商务、文化娱乐、会展、信息服务的城市新型功能混合区，并可以成为一种新型的社会经济与文化的交流地。

与欧洲站点地区相比，中国的站点地区要大很多，如南京南站周边地区为 $8km^2$，上海虹桥站为 $27km^2$，武汉站为 $11km^2$。在站点地区的规划设计中如何借鉴国际经验同时又结合国内实际情况？土地如何混合利用？站前广场与中轴线的尺度如何控制？建筑的形式、公共空间的品质等如何优化？对这些问题，以往的城市设计也做了相当多的设计方法研究，但是城市发展必须要依赖于城市所处的自身环境，比如经济发展基础、社会文化传统，等等。因此，面对不同的城市有不同的挑战。

5.4 站点地区的不动产与开发模式

许多研究显示，高铁对站点地区的不动产价值有着重要的影响。一些城市自从高铁通车后，站点地区的土地和建筑的交易价格翻番。同样，站点地区的房屋租金价格也要比其他地区高出20%以上。但也有例外，有些因素影响了站点地区的不动产发展，例如有学者在2010年评价了高铁站点对台南都市圈内部站点地区居住价格的影响，其研究结论为高铁对台南的居住价格基本上没有产生太大的影响，主要原因是站点的区位可达性较差。

究竟有哪些因素影响了站点地区不动产的价格？国外有许多通过案例调查和横向比较高铁站点不动产价格的研究。这些研究试图找出哪些因素最为重要。钟（Jong，2007）采用研究站点地区办公租金的办法来寻找影响站点地区不动产的影响因素，通过比较西北欧八个高铁站点发现最为重要的是五个方面：第一位是区域经济；第二位是站点地区的空间形象；第三位是区域内轨道和小汽车的可达性；第四位是与城市肌理的融合以及混合的土地利用；第五位是国家铁路与国际铁路的可达性、产业的聚集等相关要素。

加尔朱洛等（Gargiulo et al，2009）通过比较法国、英格兰、意大利高铁站点的不动产价格，发现城市的功能，城市在等级体系中的地位，站点是在城市中心还是腹地的位置，以及其他城市空间环境因素都对站点地区的不动产价格产生影响。

中国的实践普遍表明站点地区的土地和不动产价格将会得到提升，特别是那些综合了地铁、公交等多种交通工具的站点地区，如在南京、苏州、武汉、上海等地已经出现了这些现象。但是，同样的是一些别的因素也会影响站点地区的不动产价格。第一，与台南的问题相似，站点地区的可达性差是重要原因。许多高铁站点位于城市的边缘地区，远离城市中心。第二，在认识到站点地区有巨大的升值预期后，一些开发商开始囤积土地，从而影响了站点地区空间开发的有序实施，并进而影响站点地区的不动产价值。许多国家经验证明，土地投机将会影响站点地区的土地价格，如日本岐阜羽岛车站（Sands，1993）、布鲁塞尔南站（Albrechts et al，2003）。当站点地区的交通价值被地产开发商逐渐认识后，大量的土地投机现象出现，影响了站点地区的健康发展。如何防止站点地区的土地投机成为政策制定者们面临的挑战。这与站点地区的开发模式密切相关。

站点地区的开发是一个相当复杂的过程，有着空间上、时间上、功能上、经济上以及管理上的多重维度。在站点地区发展中决策的过程合理、实施阶段各个利益方的协调整合，以及站点地区所面临的各种风险等的评估与规避，都是高铁站点地区能否良性发展的重要因素。

由于站点地区开发的过程复杂，其开发模式与管理方式十分重要。众所周知，站点地区的利益方主要包括国家、区域以及地方政府、投资商、不动产发展商和居民。他们都有各自的责任和利益需求。但是如何分工管理则具有不同的开发模式。以荷兰为例，在荷兰中央政府有四个部门分管站点地区的开发，包括交通水利部负责站点的开发建设，住房、空间规划及环境部致力于周边地区环境的建设，铁路设施管理局负责建设、管理和维护铁路基础设施，荷兰铁路公司下属的站点部门、不动产部门、商业运营公司和交通运输公司则是一个基于企业法则的公共机构公司。地方政府作为地方的代言人负责实施与中央政府之间的协议，编制站点地区的规划，与开发商的谈判（Majoor et al，2008）。其他欧洲国家也采取了相似的复杂性开发模式（Bertolini et al，1998）。

在站点地区发展的过程中，无论是公共机构还是私人开发商都同样面临着规划的未来目标和时序的不确定性，土地开发过程中时间和成本、建筑建设的时间和成本的变动，未来市场面临的不确定性和公共法律的程序过程中的不确定性等各种各样的风险。通常，以特定项目为导向的政府发展模式，在公共和私人机构之间围绕空间开发构建紧密地发展关系（PPP模式）被认为是一种较好的发展模式（Moulaert et al，2003）。

但是，站点地区发展过程中所面临的复杂性使得每个站点都面临着不同的问题。结合具体情况进行机制的创新对于站点地区的开发至关重要。

在中国高铁站点地区的建设与管理过程中，也逐步形成了一些典型的开发模式，如上海虹桥、南京南部新城等。

5.5 武汉站站点地区设计实践案例

武汉作为中部地区最大的中心城市，是中国少有的集铁路、水运、公路、航空于一体的全国性交通枢纽性城市，占据"九省通衢"的优良区位，拥有丰富的自然资源，特别是淡水资源。

在国务院批准的《中长期铁路网规划》中，提出了"四纵四横"客运专线骨干系统。其中京广客运专线和沪汉蓉铁路通道在武汉交会。根据规划，武汉将形成衔接北京、广州、上海、成都、九江、襄樊等六个方向的特大型环形枢纽格局，分别设武汉站（杨春湖）和汉口站，形成"两主（武汉站和汉口站）一辅（武昌站）"的客运格局，成为全国四大铁路客运中心之一。利用铁路系统，武汉至上海、北京、广州、成都等地仅需5—6小时。

武汉站位于武汉市东部地区，其西北临杨春湖，南抵东湖，东靠武汉钢铁集团。紧临城市三环线，与三环线、二环线、内环线的最短交通距离分别为0.3km、5.1km、7.2km。

在武汉市总体规划中，规划布局有四新、鲁巷、杨春湖三个城市副中心。城市副中心具有综合服务职能，重点布局市级商业副中心及市级公共服务设施，结合产业特点重点发展面向中部的生产性服务职能。杨春湖副中心的主要职能是依托高铁客运站的建设，积极发展服务区域的商业服务中心、旅游服务中心等。它是武汉市城市总体规划修编所确定的青山组团的重要组成部分，具有服务青山地区的综合性服务功能。它东临武汉钢铁集团工业区，西望武昌区，北接青山区，南抵东湖风景区（图5-2）。

武汉具有鲜明的城市特质："九省通衢"便捷的交通区位，"山水泽田"相融的生态特点，"龟蛇锁江"十字形的山轴水系，"多元交融"开放的文化心态，"两江三镇"独特的城市格局，"大气舒展"洒脱的城市形态，"有机生长"多中心的空间体系。武汉站在这个大背景下，基地又具有独特的空间资源优势，便捷的

图 5-2 武汉站区位图

基地位置

图 例

居住用地		水域	
商业金融用地		交通广场用地	
文化展览用地		发展备用地	
工业用地		风景区用地	
医疗卫生用地		生态控制用地	
教育科研用地		农用地	

图 5-2

5 综合效益引导的站点地区设计

轨道交通，优美的东湖风景和杨春湖水系湿地。但也有突出的的矛盾与问题：边缘化的区位条件与副中心的建设目标的矛盾，站点的交通疏散要求与功能的空间集聚愿望的矛盾，城市的开发建设与东湖生态景观保护的矛盾，并且在近期用地范围中已经形成了垃圾填埋场。带着这些问题，我们分析了国际上的相关案例，结合中国的实际，研究采取何种策略与空间规划应对。

功能方面：日本、法国、德国等国际上的高铁建设经验表明，高铁在400—800 km内具有交通优势，区域空间具有极化作用（商务、信息、资金……），由此促进区域经济一体化趋向，城市内具有社会经济功能节点的集聚作用。

空间方面：高铁站点有集约化发展倾向。首先，城市公共交通枢纽与普通铁路、城际铁路以及城市地铁、公交、旅游巴士等公共交通体系进行综合设置。其次，城市活力中心的逐步形成。由于城市公共交通枢纽的地位引起城市公共设施的集聚而成为城市重要的节点和活力中心。最后，从区域交通节点引申为城市公共交通换乘枢纽，大量服务于城市通勤人口，形成TOD的发展倾向及城市发展的触媒作用。

而中国以往在铁路站点地区对外性是其最大特征：其普遍作为单纯的国铁交通节点，主要服务于长途旅客，庞大的集散人群和集散广场，混杂的气氛使城市人群避之不及，形成脏乱差的局面。广州、杭州、南京等地的城市轨道交通与火车站点的连接带来了新的发展趋向：在交通方式上，以垂直分流为主，站房内部空间走向开放，外部空间集散要求降低，但是否可以形成国际上所谓的城市活力中心还只是停留在理论上的探讨，并没有实际的案例。

国际经验表明，位于城市或片区物理空间边缘的站点仍然对城市或片区功能中心具有强大的吸引力，但其中心的空间形态则因受到站点引力和结构中心引力的共同影响，而呈现出偏心和轴向延展现象。

同时国际经验也表明，站点周围的高强度开发和便捷的交通疏散在轨道交通时代是可以共存的。

通过学习和研究，我们消解了部分的困惑，明确了方向，掌握了基本原则与背景，在此基础上深化了针对性的研究：功能定位，核心规模，中心选址，风险控制。从高铁站点带动的角度出发明确了站点区域的两大功能：核心功能是交通枢纽、门户接待（零售、信息、旅游服务）、区域服务（博览、会务等）。扩展功能是商务服务、片区商业、生活服务。

中国的高铁站点是一个新兴事务，其定位将处于一个发展转型的过程之中。近期，它将作为高铁交通节点，主要服务于1500km内的长途旅客，站点地区的对外性仍然很强。同时，地铁、公交的接驳将使其具有向城市公共交通枢纽转化的倾向。未来，其将有可能成为城市的一个公共交通节点，引发城市公共活动的集聚，并走向一个真正的城市活力中心。

不过，这一转型期的时间将是漫长的、不确定的。在相当长的时间内，站点地区将处于交通枢纽与城市活力中心这两个定位之间。当前的现实发展也证明了这一判断，从杨春湖地区资源比较优势的角度出发，旅游服务、会议服务、度假休闲、主题公园、产业服务、区域服务、景观住区、水、东湖、产业带等有可能产生区域作用。因此，根据发展的弹性，将站点地区划分为三种区域：启动区，即零售、酒店、会议、商务、信息服务、旅游服务；支撑区，即居住、多种形式的商业服务、生活娱乐、办公、都市产业、教育与医疗服务；机遇区，即大型主题游览区、大型专业博览区、其他区域级项目。

在规模方面，通过全球范围内的商务中心比较研究，我们认为可确定的内容是杨春湖副中心的商业、商务、酒店、办公等功能区将小于 $1km^2$，为 0.5—$1km^2$。而其最大的线性延展距离在 1500m 以下，建筑面积为 100 万—150 万 m^2。不可确定的是旅游服务、主题公园、专业博览、区域级服务等功能，其规模取决于机遇的把握。

我们做了三种类型和六个方案的情景分析，确定了一个中心、两个节点、一条发展带的核心区布局模式。城市副中心必然会依托轨道交通站点或原有中心而形成，所列举的五个选址涵盖了主要的可能性。在《武汉城市总体规划纲要（2006—2020 年）》中对杨春湖副中心的功能定位为"依托京广高铁客运站建设，积极发展服务区域的商业服务中心、旅游服务中心等职能，并布局服务青山地区的综合性服务功能"。要达到以上功能有三种不同的解决方式：第一种是两种功能分别由两个功能区担任，两个功能区各司其职，中心距离大于 2km 以上。第二种是两种功能由一个包含两个功能区的综合中心担任，两个功能区毗邻，互相促进。第三种是两个功能区中心的距离为 0.8—1.5km，相对独立又相互影响。

这三种方案存在一个共同问题，即整个杨春湖副中心的商业资源或竞争力总量是相对固定的，分成两个中心，两个中心之间必将在招商引资、政府投入和客源等方面相互竞争，进而造成资源分散。这样形成的中心各自规模会相应变小，在商业运作上无法形成规模效应，在区域范围内缺乏竞争力，在城市景观上其区域特色及识别性也将会减弱，最重要的是无法充分发挥站点的城市发展触媒作用。由于这个原因我们排除了这种抛开高铁站点各成一体的方案。

借鉴法兰克福、多伦多、广州车站的发展经验，面对对内对

图 5-3　武汉站地区核心区与功能定位图

图 5-4　武汉站地区土地利用规划图

外服务侧重点转化的不确定前景，采用灵活性更大的带状发展模式，充分利用 2 个站点 800m 经济影响范围的联动作用，形成 1—1.5km 的核心发展带，直面不确定性，规划设计出"单中心，双节点，带状发展，灵活调整"的方案（图 5-3、图 5-4），达到既有明

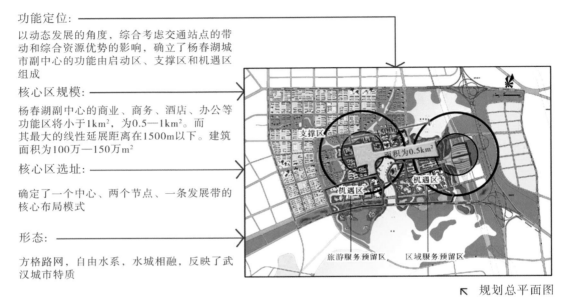

功能定位：

以动态发展的角度，综合考虑交通站点的带动和综合资源优势的影响，确立了杨春湖城市副中心的功能由启动区、支撑区和机遇区组成

核心区规模：

杨春湖副中心的商业、商务、酒店、办公等功能区将小于 1km²，为 0.5—1km²。而其最大的线性延展距离在 1500m 以下。建筑面积为 100 万—150 万 m²

核心区选址：

确定了一个中心、两个节点、一条发展带的核心布局模式

形态：

方格路网，自由水系，水城相融，反映了武汉城市特质

规划总平面图

图 5-3

土地利用

高铁站点以西以副中心及其居住支撑设施为主，前文已有充分论证，不再赘言；高铁站点以东的区域相对独立，其功能同武汉钢铁集团及城市环线的关系更加重要，可以是普通工业发展预留地，也可兼容仓储仓储式超市等相关功能，由于武汉钢铁集团污染等原因，应避免大面积居住区的开发

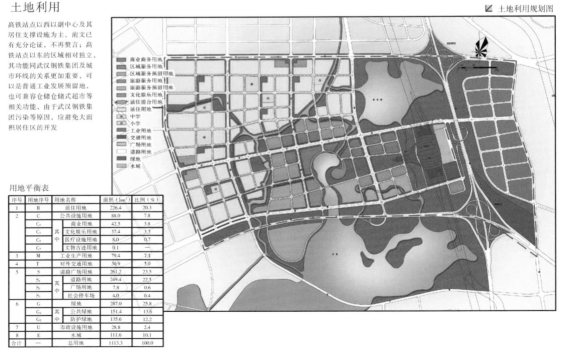

土地利用规划图

商业商务用地
区域服务用地
区域服务预留用地
旅游服务用地
旅游服务预留用地
文化娱乐用地
居住混合用地
居住用地
中学
小学
工业用地
交通用地
广场用地
道路用地
绿地
水域

用地平衡表

序号	用地序号		用地名称	面积（hm²）	比例（%）
1	R		居住用地	226.4	20.3
2	C		公共设施用地	88.0	7.8
	C₂	其中	商业用地	42.5	3.8
	C₃		文化娱乐用地	37.4	3.3
	C₅		医疗设施用地	8.0	0.7
	C₇		文物古迹用地	0.1	0.0
3	M		工业生产用地	79.4	7.1
4	T		对外交通用地	30.9	2.8
5	S		道路广场用地	261.2	23.5
	S₁	其中	道路用地	249.4	22.5
	S₂		广场用地	7.8	0.6
	S₃		社会停车场	4.0	0.4
6	G		绿地	287.0	25.8
	G₁	其中	公共绿地	151.4	13.6
	G₂		防护绿地	135.6	12.2
7	U		市政设施用地	28.8	2.6
8	E		水域	111.6	10.1
合计	—		总用地	1113.3	100.0

图 5-4

确的目标，又有弹性的结构；既坚持集约的发展，又有广阔的未来。最终武汉成为"华中枢纽，活力陆港"，成为服务华中区域的服务中心、片区发展的触媒。城市枢纽从交通枢纽走向了城市活力枢纽、活力中心、公共中心、生态中心。在景观形态上，蓝色陆港城水相融，区域特色明显，并将研究成果落实到空间结构、土地利用、交通体系、生态网络和形态控制之中（图 5-5 至图 5-8）。

图 5-5　武汉站地区视线通廊图

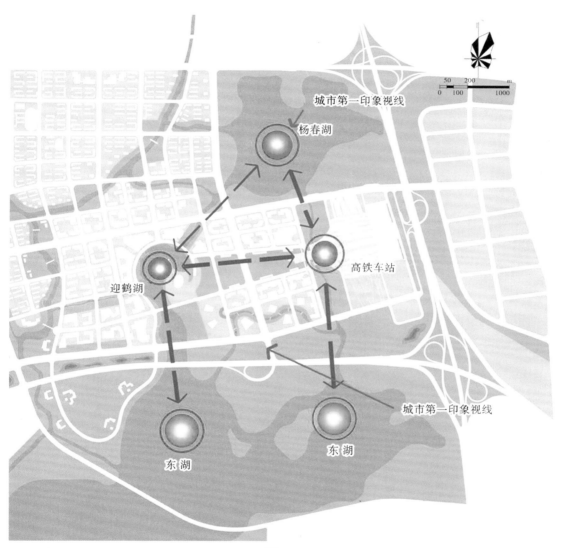

图 5-5

图 5-6　武汉站地区节点模型鸟瞰图

图 5-7　武汉站地区场景透视图

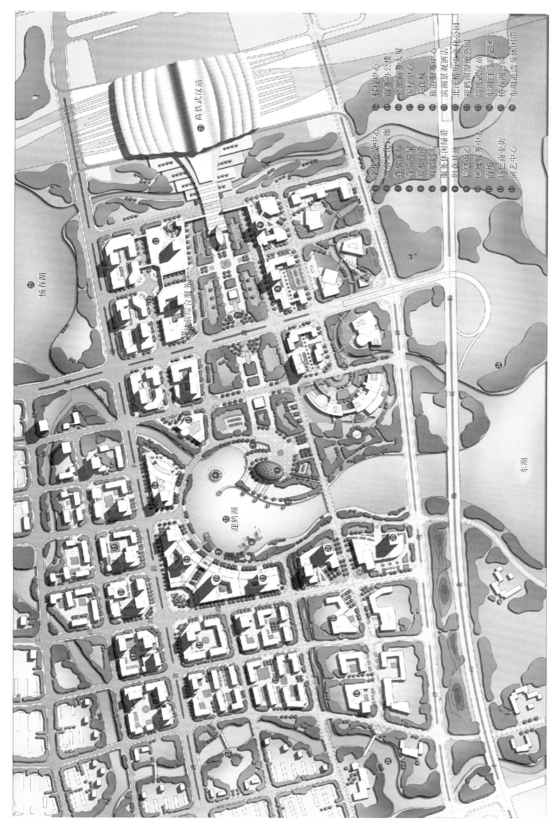

图5-8 武汉站地区城市设计总平面图

6 高铁时代城市规划设计的新空间

高铁时代的到来，给城市规划和建设带来了在以上章节所述的交通体系、区域战略、城市空间结构以及站点地区设计与发展等方面的诸多变化，促进了城市规划与设计的变革。除此以外，笔者认为，针对中国高铁的发展特殊性以及中国城镇化发展转型的现状，城市规划与设计还应该做以下几方面的新探索。

6.1　开展高铁时代的国家级空间规划

"国家级空间规划是经济社会发展到一定阶段，针对激烈竞争中的空间发展无序、资源枯竭、环境恶化而产生的在国家级层面进行大区域调控基础设施布局与资源环境合理利用、土地供给和建设控制的一种空间管治重要手段。国家级空间规划包括'全国空间规划''跨省区域空间规划'（如《长江三角洲地区区域规划》）以及'跨国空间规划'（如《欧洲空间开发展望》（ESDP））。规划重点是解决在激烈竞争环境下区域发展的协调问题、整体的绩效问题以及资源与环境保护利用问题"（段进，2011）。

现代意义上的国家级空间规划率先在国际上的经济发达国家实施。德国在20世纪初就开展国家级空间规划，发展至今已有英国、以色列、荷兰、日本、法国、美国、丹麦、新加坡、韩国等许多国家针对各国自身的问题逐步形成了各自的国家级空间规划。

随着中国社会经济、城镇化、工业化和现代化的快速发展，编制国家级空间规划已十分迫切。它是对国家疆域内空间利用的整体协调发展、资源合理利用、建设要素综合配置和人居环境全面优化所做的系统性计划和布置。国家级空间规划既包含城镇建成和发展用地上的空间整体规划，也包含乡村、自然等非建设用地的系统规划；既涉及国家的发展和利益，也涉及居民的环境与生活。国家空间整体规划是一种以物质空间利用为手段，从宏观到微观、从建设用地到非建设用地进行有机整合的新理念。目前中国已经完成了十余项跨省市的区域规划，为避免新的各自为政的现象，开放各种边界、突破不同层次进行国家级空间整体梳理十分必要。

随着全国高铁网络的逐步形成，它必然对全国城市的发展优势布局、城市群的关系、特色资源的可达性等方面带来巨大的变化，同时也真正形成一个以高铁为依托的、全新的全国城镇空间网络，针对这个网络需要有全国层面的系统规划与设计。这是一次开展国家级空间规划的重要机遇。

首先，高铁的建设使高铁廊道内的城市与未连接高铁的城市间产生巨大的空间效益差，以及高铁廊道内部的城市间也形成相对的空间分配差异，高铁对区域空间结构重组以及资源再分配的影响逐渐呈现。如何应对这些变化？依托国家高铁网络，在国家层面整合资源，系统协调城市间的规划是取得发展的整体最优的重要手段。结合国家发展战略，国家级空间规划能够达到从空间运行的系统性和整体性出发，强调东中西为一体，城市和乡村为一体，建设用地与非建设用地为一体，不同行政区划为一体，为国家战略目标提供空间保证，提升国际竞争力。

其次，时空压缩带来了城市空间相对位置的转变，以往较远的城市间产生了一小时都市圈的同城化效应。同城化效应带来了特定城市之间的联结性和互补性。这种同城化效应作为一种新的交通功能将会形成通勤与长途运输两种方式，这两种方式将对区域的经济和人的行为模式产生重要的影响，从而引发高铁集疏运配套系统的建设以及为这些新的活动服务的城市功能在高铁站点的集聚。区域间的生产联动、区域间的技术和劳动力流动更加普遍和常态，将会产生一种新型的城市化方式，区域间的协同发展更显必要。

再者，国家空间整体规划起着公平利用资源、提高地方竞争效率、平衡地方经济发展、保护自然和人文遗产的作用。随着高铁网络的形成，国家空间整体规划还应维护地域文化的差异性和特色性，加强区域规划的文化含量，整体提升区域发展与地域文化的连接，形成区域性的特色和板块，积极发挥文化资产在地区发展中的作用。促进发展与保护文化，协同开发与组织旅游，而不是形成新的无序竞争。

最后，在高铁网络形成后，许多相对封闭的地区走向开放，需要突出重点保证空间的合理利用和生态安全。从一定意义上来说，环境污染是一种非对称、不公平发展的恶果。对于欠发达地区来说，是经济利益"外溢"的全球化，环境污染和生态恶化的本土化。国家级空间规划是中央政府干预和协调省际和地区关系最重要的行政管理手段之一。其重点在跨省市水利、防灾、水资源保护、区域景观保护、区域基础设施布局与廊道设置等方面发挥作用，还在界定城镇发展适宜度，重大的粮食安全、能源安全、生态安全、环境安全、人口流动、人口迁移趋势的空间保障和空间对策方面发挥作用，以此保证空间生存安全。

总之，面对中国城乡建设中的重复建设、恶性竞争和条块分割问题，面对中国城乡建设转型升级的空间重组，面对国际竞争加剧与全球生态环境恶化的挑战，依托国家高铁建设的机遇，开展国家级空间整体规划势在必行。

6.2 实现空间规划以发展规律为依据

在中国有着十分关注物质空间规划的传统，在以往的高铁及站点地区的规划中重点关注的乃是物质空间层面，这通常由传统的物质规划师和城市设计师完成。但是，如前所述，站点地区的发展是一个综合的系统，需要综合功能维度、时间维度、经济维度、管理维度等多方面才能寻求一个科学合理的发展，仅仅是物质空间规划无法解决站点地区开发过程中的诸多问题。站点地区如何发展定位？采取何种发展模式？如何把握发展规模和不同的阶段？如何应对发展中的各种不确定性等？这些问题都将深刻地影响高铁站点地区及其所在城市的开发成效。虽然学术界也有对高铁站点地区综合规划的探讨，但是大多感性大于理性，收效甚微。当前实践中只有南京南站和上海虹桥站等少数的站点地区有综合的发展规划，大部分规划都缺乏综合系统研究，如何科学制定高铁与站点地区的综合性发展规划是高铁时代城市规划所面临的重要挑战。

从现象上来看，高铁给人们带来的是区域城市间的时空变化，站点是给城市结构带来触媒的变化，站点地区是给城市带来空间场所的变化，其实从更本质和深层次来看，高铁及其站点的设置是给人们带来了价值观和行为活动的变化。由此才影响到土地利用、开发模式、空间塑造等城市物质空间的各个方面。因此，城市规划要实现从物质规划向综合规划的转变，必须以高铁对人的行为影响和对城市经济发展影响的基本规律为基础。在国内的研究中很少重视这些内容，造成了物质空间规划的非理性和随意性。

首先讨论高铁对人的行为影响。这涉及通勤成本与通勤距离、通勤成本与边际生产效率的问题。

通勤成本通常由以下几部分构成：交通费用和交通时间以及通勤产生的效益。不同的人群对于通勤成本有着不同的衡量标准，通勤成本决定了通勤的人群。比如对于商务出行者而言，主要通过交通时间和通勤的舒适度来衡量通勤的成本。对于日常工作的通勤人士而言，他们则更多地考虑交通费用和交通时间。

通勤成本决定了最大通勤距离，通勤距离决定了个人或企业的服务区域。从 1972 年开始，英国交通部门每年对人口中随机抽取 2 万名样本进行问卷调查，得出每人每月出行时间约为 380 个小时，交通出行时间约为每人每天 1 小时。三十多年来，尽管收入翻了一番，小汽车拥有量从 1100 万辆上升为 2700 万辆（2006 年），平均出行距离提高了 60%，但出行时间几乎没变。这说明，人们出行所花的时间基本是稳定的。在不同的时代、不同的交通工具技术水平下，人们的日常出行距离大不相同。据相关统计，荷兰近年每人日均出行距离约为 32km，这一数据是 17 世纪末期荷兰一个人全年的出行距离之和。随着现代交通工具的改善，从马车时代到小汽车时代，再到现在的高铁时代，人们可以出行所能到达的范围与区域发生了巨大的改变，城市和区域的可达性也得到了显著的提高，时空压缩的现象日渐明显，不同区域之间的可达性日益提高，劳动力和生产资料的流动日益频繁，从而不断地促进城市和区域发展的沟通与重组。在这个沟通与重组的过程中，不是以往我们认为的那样，只要通了高铁就能带动本地的发展，更不可能所有的高铁站点地区都成为高铁新城。而是有些城市因吸引力加强，产生了集聚效应，进而得到了发展。有些城市通高铁后只是提升了交通便捷性，城市原本没有什么吸引力，也没有努力去发展在高铁沿线中的特色内容来加强吸引力，所以交通的便捷性带来的只是被吸纳，而不是集聚和发展。

进一步讨论将是通勤成本与边际生产效率的问题。

边际生产效率是指在各种产业中每多增加一单位的生产要素（如劳工、资本等）所能增加的生产量。当边际生产效率过低或接近于零时，表示该产业的发展规模已经接近饱和。

通勤成本与边际生产效率相互之间存在一定的关系。对于个体而言，为了追求更高的边际生产效率，通常会从边际生产效率较低的城市向较高的城市进行转移。这种转移既可以是居住区位的搬迁，也可以是进行通勤往返。作为一个经济人，通勤成本必须小于等于两个城市之间的边际生产效率之差。在两个城市边际生产效率不变的前提下，降低通勤成本则意味着个体能够获得更大的收益。对于一个平衡状态下的区域而言，两个城市边际生产效率的水平之差为两者之间的通勤成本，高铁的建设降低了两者之间的通勤成本，大量的劳动力将会从边际生产效率较低的城市流入较高的城市。由于劳动力的大量涌入，原来边际生产效率较高的城市得以降低，而劳动力减少的城市边际生产效率得以提高。两者之间通过不断的流动，直至边际生产效率实现新的均衡。从理论上来说，这应该对这两个城市的边际生产效率都有极大的促进作用，但实际的情况是带来了区域的市场份额和贸易的比重变化，从而影响了一些城市的经济发展。

这样，在充分认识了关于人的行为规律与产业及城市发展的互动关系之后，我们可以进一步考察研究高铁对城市经济发展的影响，尤其是发展的阶段性特征。

通勤成本的改变对产业发展产生影响。当一条新的高铁建成投入运营时，生产企业能够通过较低的通勤成本来拓展它们的市场份额，促使以往通过交通因素等对地方市场进行保护的作用逐渐消失。

根据国外有关专家（Voigt，1960）的研究，可以将交通基础设施建设对经济发展的影响过程划分为四个发展阶段。

第一个阶段是使区域之间重新分配但还不是增长，产生的是容量效益。在新交通基础设施的建成使用后，相连接区域的生产要素的均质性得到飞速的提升。具备良好交通条件的地区将会提升人们的投资意愿，从而形成产业的集聚，生产成本逐渐降低，产业的边际生产效率会不断提高。这就意味着企业在可达性改善的前提下，将通过拓展市场份额来获得更多的利润。相对而言，对于区域内那些生产效率较低的企业来说，竞争降低了市场的价格，这样逐步使生产效益差的企业被市场淘汰。同样，对于那些生产效益较差的城市而言，最终将会带来经济的衰退。

第二个阶段是空间扩展产生的收入效益。收入效益得益于产品区位的当前环境。收入效益的相关区域随着交通基础设施的改善将得到拓展。区域的可达性越强，得益于日益增长的生产和销售的范围就越广。这也是枢纽城市比一般站点城市有更好发展机遇的原因。

第三个阶段是资本效益的扩散。对于一个地区而言，资本效益比空间扩展产生的收入效益更为重要。资本效益贯穿于整个地区，好的交通可达性将使产品更具竞争力。

第四个发展阶段是日益增长的创新力。随着交通基础设施的改善，资本集聚、价格降低、质量改善以及产品的特色性突显逐步成为企业的竞争战略。这种竞争刺激了企业不断地进行创新。

这个发展过程说明随着高铁的建设，可达性成为地区发展的重要财富，在交通可达性较好的地区中能促进优势产业的发展。在完成重新分配与转移的过程后，将进入实质性的增长阶段。但可达性较好的地区中那些非优势产业的发展会停滞不前或后退。交通基础设施的建设对于一个地区的经济发展并不是万能的。

以往由于我们对于这些发展特征的不重视或不了解，造成了在一些城市规划实践中对高铁如何作用于城市发展的判断错误，尤其是形成了中国高铁站点地区开发的现实困境。在高铁沿线的城市几乎都规划设计了高铁新城、新区，这其中既存在过高地估计发展需求，盲目追求大规模、高标准的现象；也有由于选址和周边环境等问题使高铁不能充分发挥其所带来的空间效益问题；更多的则是对发展阶段没有认识，缺乏逐步可持续发展的耐心，没有综合发展的规划和研究，没有与发展阶段相适应的时序规划。

6.3 重视高铁时代城市规划的新要素

通过上一节的理论探索，我们知道在高铁时代，城市规划更应以城市发展规律为依据，应该从物质规划向综合规划转变，这也是当前城市规划与设计的发展趋势。那么针对高铁时代，具体落实到城市规划与设计中应该重视哪些新要素？探索哪些新问题？根据国际发展经验和中国当代城市规划所面临的一系列挑战，通过疏理一些关键性要素，依据本书以上章节的讨论，概括起来可以分为四个方面的内容，在未来的城市规划与设计中应引起我们的重视。

1）新的区域城市体系

首先应从高铁网络与国家空间整体战略层面来思考区域的发展。高铁网络不仅改变了区域间的联通方式，使人们能够拓宽选择就业和居住的范围，更重要的是改变了区域的发展条件。如何认识高铁网络影响下的城市区域新体系，如何进行有效的区域资源的保护与利用，如何在区域间进行合作与竞争，如何构建一个有效的互补合作发展路径等都是需要重视的问题。总之，高铁设站城市在高铁网络中的地位、所处区域条件的变化以及新的都市化进程将会出现新的区域城市体系，这些都是区域层面研究的首要问题。

在此基础之上是城市的区域分工、合理定位。在区域乃至全国层面找准城市的发展定位与特色是做好规划与设计的关键。高铁时代改变了传统的城市化发展路径，这将重塑城市—区域系统，并不断地调整区域分工，重塑区域空间结构。在规划与设计中应充分认识到并不是所有连接至高铁网络的城市都能够获得发展的机会，一些不具比较优势的城市反而会出现资源外流。因此需要加强高铁影响下的区域空间结构研究，牢牢地把握城市在区域中的等级、地位、职能分工等，认真地研究城市的发展定位，实现城市的可持续发展。

具体分析设站城市在区域中的地位变化，需要研究的重要内容是该城市与哪些城市的时空压缩了。该设站城市到最近城市的同城化现象，与当日往返城市的差异与互补性，产业的边际生产效率与日通勤内城市的对比情况，产业的差异，产业的内部相关性，产业人员素质的互补性，物业租金的差异，总体居住环境的差异等。是否可以通过互补性带来规模效应，促进两城市形成联动式发展。要具体地研究高铁使用后的方便程度，包括市内接驳、换乘方式、日车次、换乘待时以及乘客的流量、类型与比例等，由此判断未来发展中城市地位的变化趋势。

2）设站城市规划的新要点

（1）关于城市功能发展。在区域层面的研究基础之上确定城市性质、定位、规模、面积、经济特征（人均收入、产业结构）等。尤其是重视如何应对高铁在空间整合和经济发展过程中所带来的发展机遇，城市建设时序如何顺应高铁影响城市经济发展的阶段性规律，实现高铁的发展机遇与城市发展的协同等是研究城市功能方面的重要内容。

（2）关于高铁站点选址。城市中高铁站点的选址至关重要。在站点选址过程中，首先需要加强空间影响评价在选址决策中的作用。以往的选址方法以铁路部门的交通选线技术为主，城市发展需求未得到充分重视。今后站点选址应与城市空间发展的需求及城市未来的发展方向保持一致。一个好的选址既能增加高铁的客流量、提高铁路的利用效率，同时又能够带动站点地区开发、优化城市空间结构，从而实现铁路运输与城市发展的双赢。因此需要重视站点与城市的整合问题，考虑站点周边地区有无可开发的用地及其与城市其他区域的关系等，研究站点对城市空间发展的引领和带动作用。

（3）关于城市内部交通接驳。站点如何与城市的交通接驳，并发展成一个方便的、"门到门"的交通体系应是高铁时代城市规划的又一关键要素。这不仅仅增加了高铁的客流量，提高了高铁的出行效率，而且还对其他交通基础设施的良性发展与系统效率提升有着重要的意义。完善的城市内部交通接驳系统需要从硬件和软件两方面着手：硬件方面包括在区域和城市层面上交通资源该如何分配，各种交通方式如何衔接，如何在站点地区实现交通方式的无缝换乘；软件方面包括如何设计有效的票务系统和匹配不同交通模式的时刻表等。由此提高主要交通方式到城市主要地区的便捷性，结合城市用地布局和形态设计综合形成有效的、全城系统的以公共交通为导向的城市用地开发（TOD）模式。

3）站点地区的综合发展

站点是城市的站点，站点地区不仅是城市的窗口，更是促进城市发展的功能片区（当然如前所述，有些城市不是）。只有站点地区的发展与城市发展的趋势紧密结合，两者才能实现共振、共鸣和共赢。

如何协同站点地区与城市的功能定位和整合发展，如何克服站点地区与其他地区的恶性竞争，是当前中国高铁站点地区规划设计所面临的难点。大多数高铁站点地区位于城乡结合部等边缘地区，这一地区存在行政管理条块分割、以往空间管制不严、资源浪费、景观混乱、违法违建等诸多问题，整合发展的难度较大。以南京南站地区为例，在整合前，6km²的用地就分属江宁、雨花台、秦淮三区管辖，给地区的整体系统发展带来困难。

在与城市其他地区关系方面，随着TOD理论、"门到门"的无缝换乘理念、站点地区触媒理论等的应用，使越来越多的站点地区被规划成为城市的公共综合中心。然而，目前已经存在的大量新城建设、不断涌现的各种综合服务中心、老城中心的更新与复苏等，如何协同它们之间的平衡发展关系成为站点地区开发的又一复杂难题。全面统筹、整合互补成为规划设计关注的重点。需要在城市总体层面上对站点地区及其他地区进行整合和协调，以增加城市整体竞争力、实现站点地区与城市整体空间效益的双赢。结合现状特点，实施整合互补的发展策略，调整站点地区或者其他相关地区的发展定位，避免无序竞争。

站点地区与站点的匹配平衡发展也应受到重视。不同站点有不同的要求，如站点的不同地位功能——枢纽、中途站、终点站，站点的交通综合性、零换乘、与普通铁路混合、长途接驳，站点的规模大小、线路数、站台数、日流量等这些内容的不同都将产生不同的效应。国外相关研究所提出的节点—场所模型给我们提供了一个理解与认识它们之间关系的方法（可参见《国际城市规划》2011年第6期）。规划中需要正确认识站点地区的节点价值和场所价值，既要促进站点地区发展又要抑制土地投机现象，将站点地区的发展规划与站点及城市的地位、功能相适应和匹配，以达到协同发展。

4）开发建设的特殊因素

中国城市化处于特殊发展阶段，高铁的建设与发展也有其自身的特点，因此，城市规划也将面临一些特殊因素。其中多元主体下的条块分割开发管理就是必须重视的特殊因素之一。

当下高铁规划由国家铁路局、中国铁路总公司主导，公路、航空等交通规划由交通运输部主导，城市交通与城市规划则由地方政府主导。在这种多元管理体制下，高铁规划与城市发展以及综合交通规划的整合、衔接在一定程度上存在障碍，在各个层面都存在利益的博弈。从高铁的选线与站点的选址开始：在经济层面，中国采用"以桥代路"的建设模式，但是拆迁成本和工程造价仍然是巨大的经济负担；在技术层面，需要从高铁运行的技术要求和国土开发的宏观战略考虑，综合决策高铁线路的线型、线位、站点设置等；在社会层面，高铁的设站需要社会使用、经济、技术、空间及城市发展的多重思考，它们之间的博弈形成了规划和决策的复杂性。

站点地区建设同样也存在多元主体的复杂性。站点的开发建设涉及铁路、城市交通、建设、园林部门以及市级政府与各区级政府等，还涉及开发商、城市居民等多个利益主体。各个利益主体在站点地区的开发过程中都有各自的发展愿望与利益诉求。

在现行体制下，高铁选线与站点选址的方式需要加强部门间协作才能够在最大程度上避免选址决策中的失误。在站点地区的开发建设过程中，需要创新思维，借鉴公共—私人开发平台（PPP），建设—运营—转交（BOT）等发展理念，从技术到市场再到政策，在多领域内构建铁路部门与地方政府、交通部门与建设部门以及政府与市场及居民的合作平台与开发框架，形成真正可行的合作与协同规划。

其他还有许多特殊因素，如当前阶段中国城市空间的发展存在许多的不确定性。在城镇化转型过程中，人口继续快速流动，全球化、信息化时代下奥运会、世博会、青奥会等大型国际活动的诸多外部机遇以及国际产业的转移等也带来了空间需求的急剧涨落等，这些因素都在城市规划中应该给予重视。

总之，高铁作为一个新生事物加入到城市的系统中，必然给城市带来新的要素，给规划带来新的课题。高铁与城市只有在发展需求与趋势方面相互适应并协调发展方能发挥最大的效应。然而中国城市空间发展需求的复杂性与高铁建设的技术成本矛盾、多头管理的空间博弈、周边地区的整合与同类地区的竞争、多元主体下的开发模式以及多种因素产生的发展不确定性等复杂问题，需要规划设计师面对和重视这些现实的困境。

6.4 塑造高铁时代城市发展的新空间

城市规划的目标是提供给人一个幸福生活的家园。空间是人类赖以生存的物质基础，那么面对正在来临的高铁时代，我们城市规划应该给未来的城市塑造一个什么样的城市发展新空间，提供一个什么样的人居环境和生活空间模式？

1）"门到门"的城市交通空间，TOD 的立体模式

什么是高铁时代的标志，不是通了高铁就算进入了高铁时代，而是以高铁为主干，通过与其他交通工具的有机衔接，形成方便的通行网络，达到"门到门"的效应才是衡量的标准。在高铁时代的空间规划中，对于各种交通运行市场而言，分工合作的整合的交通系统可以避免彼此之间的无序竞争，促进交通模式的合理分配，提供一个快速、有效、便捷的"门到门"的出行服务，提高出行新模式的运输效率。由此，在城市原有的传统空间体系中需整合、修补或强化这一新的"门到门"系统，如何进行系统的规划，在前面章节中已经有所叙述。

通过对一些高铁设站城市"门到门"空间系统的调研分析显示，地铁、轻轨、公共汽车、长途汽车、出租车等不同交通工

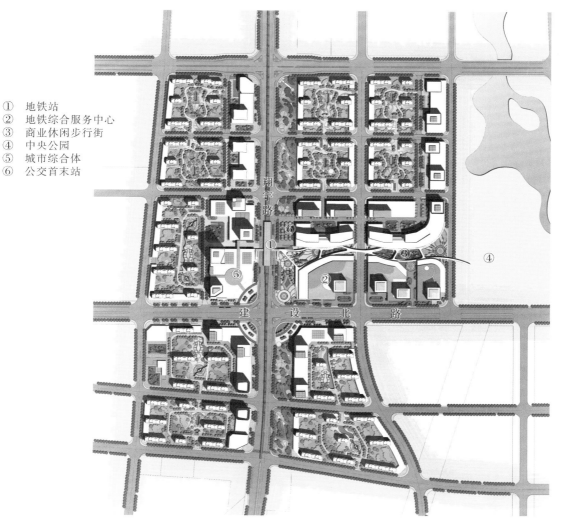

① 地铁站
② 地铁综合服务中心
③ 商业休闲步行街
④ 中央公园
⑤ 城市综合体
⑥ 公交首末站

图 6-1

具停靠站点的距离和人们在不同交通方式之间的换乘方便非常重要。实证研究发现，自行车停放点的设置、小汽车良好的交通组织、充足的停车空间、出租车便捷的上下客设置以及良好的步行系统是保证出行者"门—门"的服务质量的关键空间。因此，这些关键性空间需在线位选线和站点选址时同步预留，在站点开发前进行精细的设计。以地铁站地区为例，经精细化的空间设计将形成TOD立体空间模式（图 6-1 至图 6-6 ）。

2）延伸到区段的立体网络式节点空间

高铁所带来的新型的 TOD 立体空间模式在地铁沿线的站点随着城市的发展、人口的集聚和高铁时代"门到门"空间效益的显现，会逐步形成。并且这种 TOD 立体空间模式的空间形态会向所在的周边区段延伸，为周边的住区、商业、办公提供快速、便捷、安

图 6-1　南京地铁翔宇北站地区 TOD 空间设计总平面图

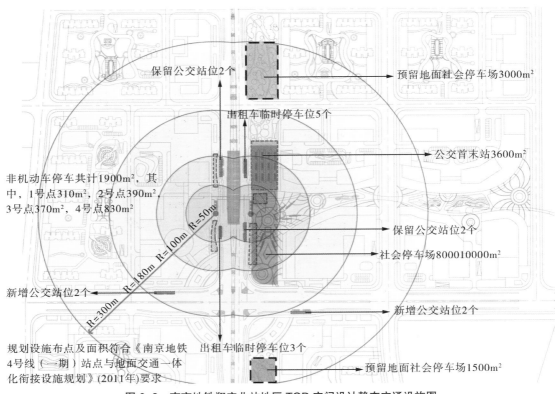

保留公交站位2个

出租车临时停车位5个

预留地面社会停车场3000m²

公交首末站3600m²

非机动车停车共计1900m²，其中，1号点310m²，2号点390m²，3号点370m²，4号点830m²

保留公交站位2个

社会停车场800010000m²

新增公交站位2个

新增公交站位2个

规划设施布点及面积符合《南京地铁4号线（一期）站点与地面交通一体化衔接设施规划》(2011年)要求

出租车临时停车位3个

预留地面社会停车场1500m²

图 6-2　南京地铁翔宇北站地区 TOD 空间设计静态交通设施图

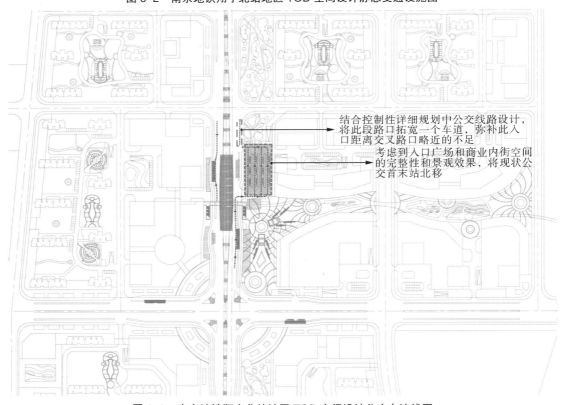

结合控制性详细规划中公交线路设计，将此段路口拓宽一个车道，弥补此入口距离交叉路口略近的不足

考虑到入口广场和商业内街空间的完整性和景观效果，将现状公交首末站北移

图 6-3　南京地铁翔宇北站地区 TOD 空间设计公交车流线图

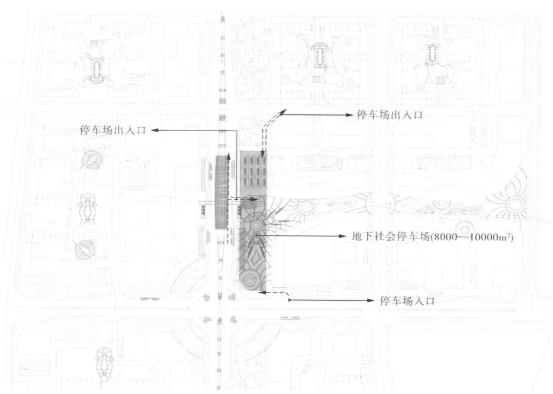

图 6-4　南京地铁翔宇北站地区 TOD 空间设计地下停车场流线图

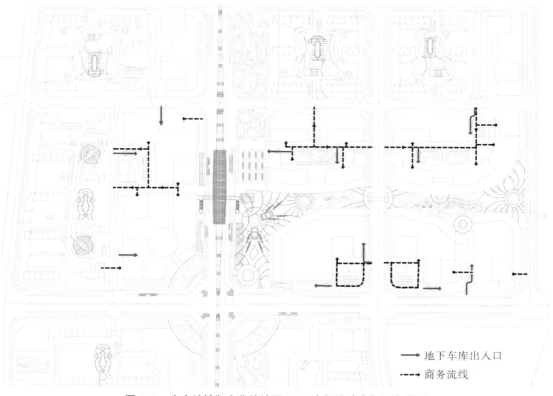

图 6-5　南京地铁翔宇北站地区 TOD 空间设计商务区流线图

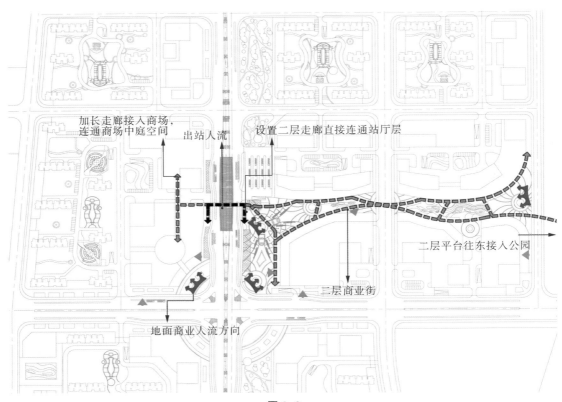

加长走廊接入商场，
连通商场中庭空间

出站人流

设置二层走廊直接连通站厅层

二层平台往东接入公园

二层商业街

地面商业人流方向

图 6-6

图6-6 南京地铁翔宇北站地区 TOD 空间设计商业休闲流线图

全的交通空间。尤其是与商业、商务区段连接的站点，可以将这些交通空间与区段内的交通系统相连，并促使在该区段内形成一种新的立体网络式节点空间模式：区段内立体的、无障碍的、步行安全的网络交通与站点的 TOD 立体空间模式交通直接相连，站点的通勤、商务和顾客人群可以方便、快捷、安全的且大流量的进出该区段，并通过站点快速、准点的通向四面八方。由于该区段人流的高密度集聚，往往具有综合性服务功能，要么有大型的建筑综合体，要么有内向、多层立体的内向庭院式空间，以满足该区段内时段式人流聚集起伏的集散、休憩和消费的需求（图6-7至图6-10）。

3）高铁站点地区精明收缩的圈层式综合空间发展

从国内外高铁站点地区的成功经验来看，站点地区的开发建设能够与城市整体空间发展趋势保持一致，与城市整体空间的协同发展是成功的关键。要实现两者之间的协同，首先必须准确把握城市空间的发展方向以及发展需求，其次从选址、功能定位、与周边地区的关系及开发机制等方面具体落实。前面章节已经从综合效益引导的角度，从空间布局的换乘便捷度、圈层式的功能业态、站点地区的空间形象与品质以及开发模式等方面进行了全

图 6-7 旧 金 山 环 湾
（Transbay）客运中心鸟瞰
图 6-8 旧 金 山 环 湾
（Transbay）客运中心大
剖面

图 6-7

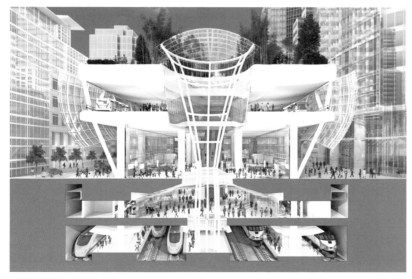

图 6-8

图6-9 旧金山环湾
（Transbay）客运中心路面
人眼
图6-10 旧金山环湾
（Transbay）客运中心屋顶
花园

图 6-9

图 6-10

面的论述。然而，在具体的空间规划实践中，我们仍然面临着巨
大的挑战。依据中国城市化发展的特征与背景，当前城市空间发
展中的不确定性及站点地区开发的复杂性给两者的协同发展带来
了巨大的现实困境。

　　站点的选址应符合城市整体空间的发展趋势，站点地区与城
市的其他地区应形成整合互补的关系。国外发展普遍采用高铁站
深入到城市内部的选址，成效比较好。中国的城市发展处在扩展
与转型的阶段，紧邻城市的边缘选址基本上是合理的区位，既减
少对城市内部的拆迁和分割，又能促进城市的发展，也有利于组

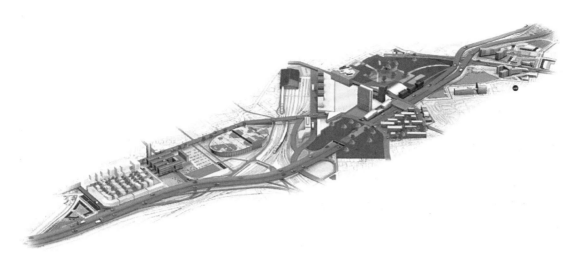

图 6-11

图 6-11　里尔与新老火车站的连接示意图

织快速交通，方便旅客进出，如上海虹桥站、南京南站等。但目前的"高铁空城"现象严重，城市规划应如何应对？据我们的分析研究，这其中有前面章节所述的对高铁廊道带来的不同空间效益的认识错误，盲目乐观形成的错误决策所致，高铁站点选址离主城过远、发展定位过高、规模过大缺乏人气和投资而形成"空城"。我们也应该认识到中国的高铁还处于初期和快速发展阶段，离我们所述的高铁时代还有一段努力的发展过程，因此，高铁站地区的发展也有一个培育的过程，不能简单地都认为是"空城""鬼城"。针对中国当前经济增长减速、城市发展转型的大背景，中国高铁站点地区的新区和新城采取"精明收缩""圈层式综合空间"的应对措施，处理好远近期发展的合理关系，处理好地区发展的综合性和吸引力，提升活力和持续发展的触媒作用是规划与设计的关键。

例如，里尔欧洲站站点地区的开发强调与老城中心的整合。在功能业态上，强调与里尔老城其他地区的功能互补，面向年轻消费群体，突出折扣店，结果是与老城原有商业中心一道促进了老城在区域中的竞争力；在空间上，通过"柯布西耶桥"的建设强调了与老火车站、城市中心的联系（图 6-11）。再如，阿姆斯特丹在突出南站站点地区成为顶尖国际商务区位的同时，其老城原商务公司的集聚地采取互补的发展战略，重点发展旅游业及吸引中小型企业入驻，既避免了旧城衰退，又完成了城市整体层面的空间重构（图 6-12）。站点地区的开发必然对城市的其他地区产生影响，整合互补的发展策略一方面能避免无序竞争，另一方面也能与其他地区共同提升城市的整体竞争力。

图 6-12

图 6-12　阿姆斯特丹中央
车站

4）零换乘的站点与城市融合的复合空间体

　　高铁站应该是多种交通方式的换乘枢纽。在理想情况下，所有的换乘将在高铁站点内进行。高铁站点是一个节点，各种交通方式在此交会，对内或对外各种出行目的乘客都可以在此进行换乘。换乘的理想状态是无缝对接，能够实现安全、快捷、舒适以及愉悦，且能够满足人们各种需求的换乘。高铁站点的换乘设计必须尽可能地降低换乘阻力，在空间上为各种交通模式的转换提供便捷的路径，同时根据各种交通工具的停靠情况，塑造多层次的、多样化的外部和内部空间。为了支持这种换乘，站点应根据乘客的需求提供各种交通工具进出、停靠的空间，匹配不同交通工具时刻表，减少等待时间，提供便捷的换乘路径以及识别系统，创造舒适的换乘环境，提供涉及与出行相关的各种服务。这是一个城市的综合体，而不简简单单是一个传统意义上的车站。到目前为止，由于各种原因，我们没有改变站点是一个传统的、封闭的、注重外观门户形象的车站建筑的观念。由于孤立地建筑单体设计，给多种交通工具的无缝换乘造成了极大的困难。有的站点小汽车到车站的可达性很差，造成了周边地区的交通拥堵。长途汽车站距离高铁站 600—700m、公交的联系也很不方便等这些因素都严重地降低了换乘的效率。很多城市还由于车站的设置阻隔了车站两侧的城市交通和市民活动。因此，需要尽早打破各自为政、孤立设计建设的传统思维与方式，去创造零换乘的站点与城市融合的复合空间体。这样既有利于旅客换乘、效益提高、活力提升，也有利于土地的综合、集约利用。日本东京都站就是典型的成功案例（图 6-13 至图 6-17）。随着国内管理体制的改革，对站区

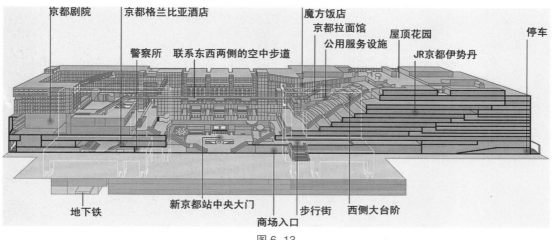

京都剧院　京都格兰比亚酒店　　　　　　　魔方饭店
　　　　　　　　　　　　　　　　京都拉面馆　屋顶花园
　　　警察所　联系东西两侧的空中步道　公用服务设施　　　　停车
　　　　　　　　　　　　　　　　　JR京都伊势丹

地下铁　　　　　　新京都站中央大门　　步行街　西侧大台阶
　　　　　　　　商场入口

图 6-13

图 6-14

图 6-15

图 6-13　东京都站剖面图
图 6-14　东京都站大台阶
内景
图 6-15　东京都站通高大
空间 1

图 6-16　东京都站通高大
空间 2
图 6-17　东京都站屋顶花园

图 6-16

图 6-17

各自为政的建设、管理和经营的模式也有望改变，土地的综合利
用、联合开发、主体整体设计逐步成为可能。我们在南京高铁北
站的规划设计方案中也进行了探索（图 6-18 至图 6-20）。

　　5）因地制宜的生态与人文特色空间

　　如前面的章节所述，地区的空间特色和形象也是提升地区价
值的重要方面，但是我们以往的规划设计一味地追求站房的雄伟
和标志性、追求广场或轴线的气派，缺乏地域和地方的特点，造

图 6-18

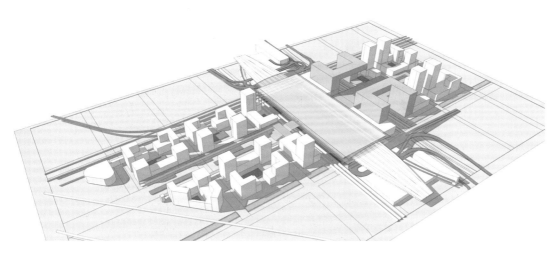

图 6-19

成了新的大同小异、千篇一律，尤其是不顾实际功能需求，一味追求高、大、洋和标志性，既造成了投资上的浪费，还给旅客的出行带来了不便。如何因地制宜、以人为本、强化自然与人文特色来塑造特色空间是城市规划与设计的又一重要课题。

利用自然、强调生态文明是站点地区形成绿色文明特色，强化中国尊重自然、师法自然的理念，彰显地方自然特征与禀赋的

图 6-18　南京高铁北站综合体剖面图
图 6-19　南京高铁北站核心区模型体块图

6　高铁时代城市规划设计的新空间 | **113**

图 6-20 南京高铁北站地区鸟瞰图

高铁时代的空间规划

重要手段，这既符合生态理念也符合宜居的需求。进一步升华可以对海绵城市、立体绿化、绿色城市进行塑造，形成真正体现地方地域自然特征与时代特征的标志性窗口地区。例如，在淮安高铁站地区的规划中利用原有水系形成独特的生态景观就取得了良好的效果（图6-21至图6-24）。

突出人文，是形成具有地方标志性空间的又一重要设计方法。我们在苏州站（城际站）的规划设计中根据其地处古城风貌协调

图6-21 淮安高铁新城地区利用原有规划图

图6-22 淮安高铁新城地区规划总平面图

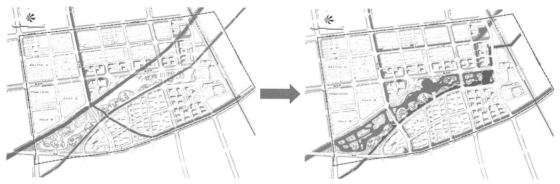

（a）淮安高铁新城地区水系现状图　　　　　（b）淮安高铁新城地区水系规划图

图6-21

图6-22

图6-23 淮安高铁新城鸟瞰图

| 高铁时代的空间规划

图 6-24　淮安高铁新城滨水景观图

6　高铁时代城市规划设计的新空间

区的特征，强调运用体现苏州传统神韵的廊空间设计手法，结合新苏州风格的控制，取得了良好的社会效益，是一个成功的案例（图6-25至图6-29）。

图6-25 苏州站半地下
广场
图6-26 苏州站廊空间分
析研究1

图 6-25

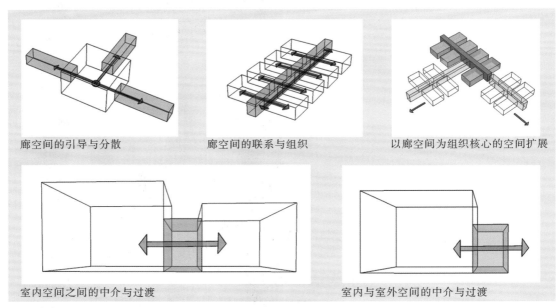

廊空间的引导与分散　　廊空间的联系与组织　　以廊空间为组织核心的空间扩展

室内空间之间的中介与过渡　　室内与室外空间的中介与过渡

图 6-26

廊空间与苏州的关系

　　廊空间在苏州有着悠久的历史，广泛应用于建筑单体的设计、建设群体的组合、城市空间的组构中，体现了苏州传统社会的价值观念、生活方式、审美情趣及建筑思想

廊空间与传统街道的关系

　　廊空间具有室外街道的空间形制和场所精神，其特殊的场所意义使其区别于其他类型的交往空间，是传统的交往方式在现代城市空间中得以延伸

廊空间的特征

　　线形是廊空间最根本的视觉特征，以它为主导组织的城市空间延续了苏州传统城市导向明确、连续整体、可生长的特点

廊空间的内在属性

　　中介性是廊空间最重要的内在属性。以它为主导组织的城市空间延续了苏州传统城市空间层次丰富相互渗透交叠过渡的特点

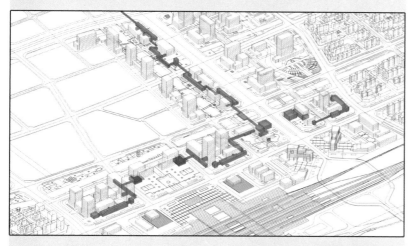

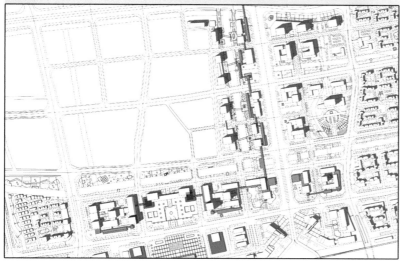

图 6-27　苏州站廊空间分析研究 2

6　高铁时代城市规划设计的新空间

图 6-28　苏州站规划总平面图

高铁时代的空间规划

图 6-29 苏州站鸟瞰

参考文献

·中文文献·

丹阳市人民政府, 丹阳市规划局 .2010. 丹阳高铁站点地区详细规划 [Z].
　　丹阳 .

东南大学城市规划设计研究院 .2009. 南京南部新城战略规划 [Z]. 南京 .

东南大学城市规划设计研究院 .2011. 南京南部新城整体城市设计 [Z].
　　南京 .

东南大学城市规划设计研究院 .2010. 南京南部新城控规整合 [Z]. 南京 .

段进, 殷铭 .2011. 当代新城空间发展演化规律——案例跟踪研究与未
　　来规划思考 [M]. 南京：东南大学出版社 .

段进, 殷铭 .2013. 长三角地区高铁站点空间换乘便捷度研究 [J]. 中国
　　科学：技术科学, 43(2):201-207.

段进, 殷铭 .2014. 高铁站点规划布局与空间换乘便捷度——长三角地
　　区的实证研究 [J]. 城市规划, 38(10):45-50.

段进 .2006. 城市空间发展论 [M].2 版 . 南京：江苏科学技术出版社 .

段进 .2009. 国家大型基础设施建设与城市空间发展应对——以高铁与
　　城际综合交通枢纽为例 [J]. 城市规划学刊, (1):33-37.

段进 .2011. "十二五"深入开展国家级空间整体规划的建言 [J]. 城市
　　规划, (3):9-11.

段进 .2011. 新时期中国城市的空间重构与轻型发展——以南京南部新
　　城整体城市设计为例 [J]. 城市规划, 35(12):16-19.

第十届全国人民代表大会第四次会议 .2006. 中华人民共和国国民经济
　　和社会发展第十一个五年规划纲要 [Z]. 北京 .

国家民航总局 .2007. 全国民用机场布局规划 (2007—2020)[Z]. 北京 .

国家统计局 .2011. 第六次全国人口普查主要数据公报 [Z]. 北京 .

国家统计局 .2011. 中国统计年鉴 (2001—2011) [Z]. 北京 .

胡天新, 杨保军 .2006. 国家级空间规划在发达国家的演变趋势 [M]// 中
　　国城市规划学会 . 规划 50 年：2006 中国城市规划年会论文集 . 北
　　京：中国建筑工业出版社 .

江苏省统计局 .2011. 江苏省统计年鉴 (2004—2011) [Z]. 南京 .

李传成 .2012. 高铁新区规划理论与实践 [M]. 北京：中国建筑工业出版社 .

刘慧, 高晓路, 刘盛和 .2008. 世界主要国家国土空间开发模式及启示 [J].
　　世界地理研究, 17(2):38-46.

南京市人民政府, 南京市规划局, 东南大学城市规划设计研究院 .2010.
　　南京市南部新城发展战略规划 [Z]. 南京 .

南京市人民政府, 南京市规划局, 东南大学城市规划设计研究院 .2010.
　　南京市铁路南站地区控制性详细规划 [Z]. 南京 .

南京市人民政府, 南京市规划局 .2010. 南京市总体规划 (2010—2030)
　　[Z]. 南京 .

上海市人民政府, 上海市规划局, 中国城市规划设计研究院 .2009. 上
　　海虹桥综合交通枢纽周边地区控制性详细规划 [Z]. 上海 .

上海市统计局 .2011. 上海市统计年鉴 (2004—2011) [Z]. 上海 .

沈青 .2010. 更新城市研究中的空间视角和分析框架 [J]. 刘贤腾，翁加坤，译 . 国际城市规划，25（2）：53–61.

苏则民 .2008. 南京城市规划史稿：古代篇·近代篇 [M]. 北京：中国建筑工业出版社 .

王缉宪，林辰辉 .2011. 高速铁路对城市空间演变的影响：基于中国特征的分析思路 [J]. 国际城市规划，26(1):16–23.

王晶，曾坚，刘畅 .2010. 高铁客站与城市公交的一体化衔接模式 [J]. 城市规划学刊，6(191): 68–71.

王兴平，赵虎 .2010. 沪宁高速轨道交通走廊地区的职住区域化组合现象——基于沪宁动车组出行特征的典型调研 [J]. 城市规划学刊，(1):85–90.

佚名 .2010. 京津城际运营两周年网址 [EB/OL].(2010–08–02). http://www.51766.com/xinwen/11021/1102103716.html.

殷铭，汤晋，段进 .2013. 站点地区开发与城市空间的协同发展 [J]. 国际城市规划，28(3):70–77.

浙江省统计局 .2011. 浙江省统计年鉴 (2004—2011) [Z]. 杭州 .

郑健，沈中伟，蔡申夫 .2009. 中国当代铁路客站设计理论探索 [M]. 北京：人民交通出版社 .

郑健 .2010. 中国铁路的创新与实践 [R]. 南京：东南大学学术讲座 .

郑健 .2007. 铁路旅客站设计集锦（Ⅲ）[M]. 北京：中国铁道出版社 .

郑健 .2007. 铁路旅客站设计集锦（Ⅴ）[M]. 北京：中国铁道出版社 .

郑健 .2008. 铁路旅客站设计集锦（Ⅳ）[M]. 北京：中国铁道出版社 .

中共第十七届中央委员会 .2010. 中共中央关于制定国民经济和社会发展第十二个五年规划的建议 [Z]. 北京 .

中华人民共和国交通运输部 .2011. 交通运输"十二五"发展规划 (2011—2015)[Z]. 北京 .

中华人民共和国铁道部 .2008. 中长期铁路网规划 [Z]. 北京 .

中华人民共和国中央人民政府 .2011. 十二五经济社会发展规划 (2011—2015)[Z]. 北京 .

郑时龄 .2011. 空间研究序 [M]// 段进，殷铭，等 . 空间研究 8：当代新城空间发展演化规律——案例跟踪研究与未来规划思考 . 南京：东南大学出版社 .

· 英文文献 ·

Ahlfeldt G M， Feddersen A. 2010. From Periphery to Core: Economic Adjustments to High Speed Rail[R]. London: University of Hamburg.

Albrechts L, Coppens T. 2003. Megacorridors: Striking a balance between the space of flows and the space of places[J]. Journal of Transport Geography, 11: 215–224.

Amano K, Nakagawa D. 1990. Study on Urbanization Impacts by New Stations of High–Speed Railway[R]. Dejeon: Korean Transportation Association.

Andersson D E, Shyr O F, Fu J. 2010. Does high–speed rail accessibility influence residential property prices? Hedonic estimates from southern Taiwan[J]. Journal of Transport Geography, 18: 166–174.

Banister D, Berechman J. 2000. Transport Investment and Economic Development[M]. London; New York: Spon Press.

Berg V D, Pol P, Euricur L. 1998 The European High–Speed Train and Urban Development: Experiences in Fourteen European Urban Regions[M]. London: Ashgate.

Bertolini L, Spit T. 1998. Cies on Rails: The Redevelopment of Railway Station Areas[M]. London; New York:Spon Press.

Bertolini L. 1996. Nodes and places: Complexities of railway station redevelopment[J]. European Planning Studies, 4(3): 331–345.

Bertolini L. 1998. Station area redevelopment in five European countries: An international perspective on a complex planning challenge[J]. International Planning Studies, 3: 163–184.

Bertolini L. 1999. Spatial development patterns and public transport: The application of an analytical model in the Netherlands[J]. Planning Practice & Research, 14(2): 199–210.

Bertolini L. 2000. Planning in the borderless city: A conceptualisation and an application to the case of station area redevelopment[J]. The Town Planning Review, 12:455–475.

Bertolini L. 2010.Transit–oiented dvelopment[M]// Hutchinson R. Encyclopedia of Urban Studies. Thousand Oaks: Sage:822–824.

Blum U, Gercek H, Viegas J. 1992. High–speed railway and the European peripheries: Opportunities and challenges[J]. Transportation Research Part A: Policy and Practice, 26: 211–221.

Blum U, Haynes K E, Karlsson C. 1997. Introduction to the special issue: The regional and urban effects of high–speed trains[J]. The Annals of Regional Science, 31: 1–20.

Bonnafous A. 1987. The regional impact of the TGV[J]. Transportation, 14: 127–137.

Brotchie J. 1991. Fast rail networks and socio–economic impacts[M]// Brotchie J F, Batty M, Hall P, et al. Cities of the 21st Century: New Tecnologies and Spatial Systems. Melbourne: Longman Cheshire: 25–37.

Brown L A, Horton F E.1970. Functional distance: An operational approach[J].Geographical Analysis, 2:76–83.

Bruinsma F, Rietveld P. 1993. Urban agglomerations in European infrastructure networks[J]. Urban Studies, 30: 919.

Bruinsma F. 2009. The impact of railway station development on urban dynamics: A review of the Amsterdam south axis project[J]. Built Environment, 35: 107−121.

Bruyelle P. 1994. The impact of the Channel Tunnel on Nord−Pas−de−Calais[J]. Applied Geography : An International Journal, 14: 87−106.

Cascetta E, Pagliara F. 2008.Integrated railways−based policies: The Regional Metro System (RMS) project of Naples and Campania[J]. Transport Policy,15:81−93.

Cascetta E, Papola A, Pagliara F, et al. 2011. Analysis of mobility impacts of the high speed Rome−Naples rail link using withinday dynamic mode service choice models[J]. Journal of Transport Geography, 19: 635−643.

Castells M. 1989. The Informational City: Information Technology, Economic Restructuring and the Urban−Regional Process[M]. Oxford: Blackwell.

Cervero R, Michael B. 1996. High−Speed Rail and Development of California's Central Valley: Comparative Lessons and Public Policy Considerations[Z]. IURD Working Paper: 675.

Chang J S, Lee J H. 2008. Accessibility analysis of Korean high−speed rail: A case study of the Seoul Metropolitan Area[J]. Transport Reviews, 28: 87−103.

Chia−Lin C, Hall P. 2011. The impacts of high−speed trains on British economic geography: A study of the UK's Inter City 125/225 and its effects[J]. Journal of Transport Geography, 19: 689−704.

Fröidh O. 2005. Market effects of regional high−speed trains on the Svealand line[J]. Journal of Transport Geography, 13: 352−361.

Gargiulo C, Ciutiis F D. 2009. Urban transformation and property value variation[J]. TeMA Trimestrale del Laboratorio Territorio Mobilit à Ambiente, 3: 65−84.

Garmendia M, Ure J A, Coronado J. 2011. Long−distance trips in a sparsely populated region: The impact of high−speed infrastructures[J]. Journal of Transport Geography, 19: 537−551.

Garmendia M, Ureña J M D, Ribalaygua C, et al. 2008. Urban residential development in isolated small cities that are partially integrated in metropolitan areas by high speed train[J]. European Urban and Regional Studies, 15: 249.

Givoni M. 2006. Development and impact of the modern high speed train: A review[J]. Transport Reviews, 26: 593−612.

Grimme W. 2006. Air/rail intermodality − recent experiences from Germany[J]. Aerlines Magazine, 34:126−132.

Gutiérrez J. 1996. The European high-speed train network predicted effects on accessibility patterns[J]. Journal of Transport Geography, 4: 227-238.

Gutiérrez J. 2001. Location, economic potential and daily accessibility: An analysis of the accessibility impact of the high-speed line Madrid-Barcelona-French border[J]. Journal of Transport Geography, 9: 229-242.

Hall P. 1991. Moving information: A tale of four technologies[M]// Brotchie J F, Batty M, Hall P, et al. Cities of the 21st Century: New Technologies and Spatial Systems. Melbourne: Longman Cheshire.

Hall P. 2009. Magic carpets and seamless webs: Opportunities and constraints for high-speed trains in Europe[J]. Built Environment, 35: 59-69.

Harmon R. 2006. High Speed Trains and the Development and Regeneration of Cities[Z]. Greengauge.

Haynes K E. 1997. Labor markets and regional transportation improvements: The case of high-speed trains: An introduction and review[J]. The Annals of Regional Science, 31: 57-76.

Hirota R. 1984. Present Situation and Effects of the Shinkansen[R]. Paris: The Internationar Seminar on High-Speed Trains.

IATA. 2003. Air/ Rail Intermodality Study[Z]. Hounslow.

Jong D M. 2007. Attractiveness of HST Locations[D]: [Master Thesis]. Amsterdam: Universiteit van Amsterdam.

Juchelka R. 2002. Bahnhof und Bahnhofsumfeld－ein Standortkomplex im Wandel[J]. Standort－Zeitschrift für Angewandte Geographie, 26 (1): 12－16.

Kamada M. 1980. Achievements and future problems of the Shinkansen[M]// Straszak A, Tuch R. The Shinkansen High-Speed Rail Network of Japan: Proceedings of a IIASA Conference, June 27-30, 1977. Oxford: Pergamon Press: 41-56.

Majoor S, Schuiling D. 2008. New key projects for station redevelopment in the Netherlands[M]// Bruinsma F, Pels E, Priemus H, et al. Railway Development: Impacts on Urban Dynamics. New York: Physica-Verlag: 101-123.

Masson S, Petiot R. 2009. Can the high speed rail reinforce tourism attractiveness? The case of the high speed rail between Perpignan (France) and Barcelona (Spain) [J]. Technovation, 29: 611-617.

Matsuda M. 1993. Shinkansen: The Japanese dream[M]// Whitelegg J, Hultén S, Torbjörn F. High Speed Trains: Fast Tracks to the Future. Merced: Leading Edge Press and Publishing: 111－120.

Ming Y，Luca B，Jin D .2015.The effects of the high-speed railway on urban development: International experience and potential implications for China[J]. Progress in Planning, 98(2015):1-52.

Moulaert F, Rodríguez A, Swyngedouw E. 2003. The Globalized City: Economic Restructuring and Social Polarization in European Cities[M]. Oxford: Oxford University Press.

Moulaert F. 2001. Euralille: Large-scale urban development and social polarization[J]. European Urban and Regional Studies, 8: 145-160.

Murakami J, Cervero R. 2010. California High-Speed Rail and Economic Development:Station-Area Market Profiles and Public Policy Responses[R]. Berkeley: A Report in University of California Transportation Center.

Murayama Y. 1994. The impact of railways on accessibility in the Japanese urban system[J]. Journal of Transport Geography, 2: 87-100.

Nakamura H, Ueda T. 1989. The Imapcts of The Shinkansen on Regional Development[R]. California: The Fifth World Conference on Transport Research, Yokohama, 1989, VoL III. Ventura.

Newman P, Thornley A. 1995. Euralille: 'Boosterism' at the centre of Europe[J]. European Urban and Regional Studies, 2: 237-246.

Nijkamp P, Perrels A. 1991.New transport systemsin Europe: A strategic exploration[M]//Brotchie J F, Batty M, Hall P, et al. Cities of the 21st Century: New Technologies and Spatial Systems. Melbourne: Longman Cheshire.

Nyfer.1999.Sporen van Vooruitgang[Z].Breukelen.

Obermauer A, Black J. 2000. Indirect impacts of high-speed tail: The case of Japan[J]. Transport Engineering in Australia, 6(1/2): 19 - 31.

Okabe S. 1980. Impact of the Sanyo shinkansen on local communities[M]// Straszak A, Tuch R. The Shinkansen High-Speed Rail Network of Japan: Proceedings of a IIASA conference, June 27-30, 1977. Oxford: Pergamon Press: 11-20.

Park Y, Ha H K. 2006. Analysis of the impact of high-speed railroad service on air transport demand[J]. Transportation Research Part E: Logistics and Transportation Review, 42: 95-104.

Peek G J, Louw E. 2008. Integrated rail and land use investment as a multi-disciplinary challenge[J]. Planning Practice and Research, 23: 341-361.

Peek G J, Louw E. 2007. A multidisciplinary approach of railway station development: A case study of' s-Hertogenbosch[M]// Bruinsma F, Pels E, Priemus H, et al. Railway Development. New York: Springer: 125-143.

Pieda. 1991. Rail Link Project: A Comparative Appraisal of Socio–Economic and Development Impacts of Alternative Routes[Z].

Plassard F. 1989. Transport and Spatial Distribution of Activities[R]. [S.L.]: European Conference of Ministers of Transport, Round Table.

Pol P M J. 2002. A Renaissance of Stations, Railways and Cities: Economic Effects, Development Strategies and Organisational Issues of European High–Speed–Train stations[Z]. DUP Science.

Preston J, Wall G, Larbie A. 2006. The Impact of High Speed Trains on Socio–Economic Activity: The Case of Ashford (Kent) [R]. Madrid: 4th Annual Conference on Railroad Industry Structure, Competition and Investment, Universidad Carlos III.

Preston J, Wall G. 2008. The ex–ante and ex–post economic and social impacts of the introduction of high–speed trains in South East England[J]. Planning Practice and Research, 23: 403–422.

Priemus H. 2006. HST–Railway Stations as Dynamic Nodes in Urban Networks[R]. Beijing: First International conference' China City Planning and Development: 14–16.

Priemus H. 2008. Urban dynamics and transport infrastructure: Towards greater synergy[M]// Bruinsma F, Pels E, Priemus H, et al. Railway Development. New York: Physica–Verlag: 15–33.

Ribalaygua C, Meer A D.2010. Rural areas, high–speed train accessibility and sustainable development[J].Sustainable Development and Planning,1375:375–385.

Rietveld P, Bruinsma F P, Delft H T V, et al. 2001. Economic Impacts of High Speed Trains: Experiences in Japan and France, Expectations in the Netherlands[R]. Amsterdam: Free University Amsterdam.

Ross J F L. 1994. High–speed rail: Catalyst for European integration[J]. JCMS: Journal of Common Market Studies, 32: 191–214.

Rus G D.1997.Cost–benefit analysis of the high–speed train in Spain[J].The Annals of Regional Science,31(2):175–188.

Salet W G M, Majoor S J H. 2005. Reshaping urbanity in the Amsterdam region[M]// Salet W G M, Majoor S J H. Amsterdam Zuidas:European Space. Rotterdam: 010 Publishers: 19–40.

Sands, B. 1993. The development effects of high–speed rail stations and implications for California[J]. Built Environment, 19: 257–264.

Sanuki T. 1980. The shinkansen and the future image of Japan[M]// Straszak A, Tuch R. The Shinkansen High–Speed Rail Network of Japan: Proceedings of a IIASA Conference, June 27–30, 1977. Oxford: Pergamon Press: 227–252.

Schütz E. 1998. Stadtentwicklung durch hochgeschwindigkeitsverkehr,

高铁时代的空间规划

konzeptionelle und methodische absätze zum umgang mit den raumwirkungen des schienengebunden Personen–Hochgeschwindigkeitsverkehr (HGV) als beitrag zur lösung von problemen der stadtentwicklung, informationen zur raumentwicklungs[J]. Heft, 6: 369–383.

Smith R A. 2003. The Japanese shinkansen: Catalyst for the renaissance of rail[J]. The Journal of Transport History, 2(42): 222–237.

Spiekermann K, Wegener M. 1996. Trans–European networks and unequal accessibility in Europe[J]. EUREG – European Journal of Regional Development, 4: 35–42.

Stanke B. 2009. High Speed Rail's Effect on Population Distribution in Secondary Urban Areas[R]. San José: San José State University.

Tapiador F J, Burckhart K, Mart J, et al. 2009. Characterizing European high speed train stations using intermodal time and entropy metrics[J]. Transportation Research Part A: Policy and Practice, 43: 197–208.

Thompson I B. 1995. High–speed transport hubs and Eurocity status: The case of Lyon[J]. Journal of Transport Geography, 3: 29–37.

Todorovich P, Daniel S, Lane R. 2011. High–Speed Rail (Policy Focus Report):International Lessons for U.S. Policy Makers[R]. Cambridge: Lincoln Institute of Land Policy Cambridge.

Trip J. 2008. Urban quality in high–speed train station area redevelopment: The cases of Amsterdam Zuidas and Rotterdam Centraal[J]. Planning Practice and Research, 23: 383–401.

Trip J. 2008. What makes a city: Urban quality in Euralille, Amsterdam South Axis and Rotterdam Centraal[M]// Bruinsma F, Pels E, Priemus H, et al. Railway Development: Impacts on Urban Dynamics. New York: Physica–Verlag: 79–99.

Ureña J M, Garmendia M, Coronado J M, et al. 2010. New Metropolitan Processes Encouraged by High–Speed Rail: The Cases of London and Madrid[R]. Lisbon, Portugal: 12th WCTR.

Ureña J M, Menerault P, Garmendia M. 2009. The high–speed rail challenge for big intermediate cities: A national, regional and local perspective[J]. Cities, 26: 266–279.

Vickerman R, Spiekermann K, Wegener M. 1999. Accessibility and economic development in Europe[J]. Regional Studies, 33: 1–15.

Vickerman R. 1997. High–speed rail in Europe: Experience and issues for future development[J]. The Annals of Regional Science, 31: 21–38.

Voigt F. 1960. Die Volkswirtschaftliche Bedeutung des Verkehrssystems[M]. Berlin: Duncker & Humblot.

Wulfhorst G.2003. Flachennutzung und Verkehrsverknuepfung an Personen– Bahnhofen–Wirkungsabschaetzung mit Systemdyna–Mischen

Modellen[M]. Aachen, Germany: RWTH Aachen.

Yung—Hsiang C. 2010. High—speed rail in Taiwan: New experience and issues for future development[J]. Transport Policy, 17(2): 51—63.

Zemp S, Stauffacher M, Lang D J, et al. 2011. Generic functions of railway stations—A conceptual basis for the development of common system understanding and assessment criteria[J]. Transport Policy, 18(2): 446—455.

高铁时代的空间规划

图 1-1 源自：高铁网 .

图 1-2 源自：国家铁路局网站 .

图 2-1 至图 2-16 源自：笔者绘制 .

图 3-1 源自：http://people.hofstra.edu/geotrans/eng/ch3en/conc3en/hstsystems.
html.

图 3-2 源自：http://people.hofstra.edu/geotrans/.

图 3-3 源自：Spiekermann W. 1994. The shrinking continent: New time-
space maps of Europe. Environment and Planning, 21(6): 653-674.

图 3-4 源自：Gutiérrez J. 2001. Location, economic potential and daily
accessibility: An analysis of the accessibility impact of the high-
speed line Madrid-Barcelona-French border[J]. Journal of Transport
Geography, 9: 229-242.

图 3-5、图 3-6 源自：笔者绘制 .

图 3-7 源自：http://www.socgeo.org.

图 3-8 源自：谷歌 .

图 4-1 至图 4-13 源自：笔者绘制 .

图 5-1 源自：《北京青年报》和新华社记者 .

图 5-2 至图 5-8 源自：笔者绘制 .

图 6-1 至图 6-6 源自：笔者绘制 .

图 6-7 至图 6-12 源自：谷歌 .

图 6-13 源自：笔者绘制 .

图 6-14 至图 6-17 源自：谷歌 .

图 6-18 至图 6-29 源自：笔者绘制 .

表格来源

表 1-1 源自：Yu Q F. 2007. A research of comparing railway line density[J]. Railway Economics Research, 2: 32–33.

表 2-1 源自：Ming Y，Luca B，Jin D.2015.The effects of the high-speed railway on urban development: International experience and potential implications for China[J]. Progress in Planning, 98(2015):1–52.

表 2-2 源自：笔者根据 Jong D M. 2007.Attractiveness of HST Locations[D]: [Master Thesis].,Amsterdam: Universiteit van Amsterdam 整理绘制.

表 3-1 源自：Ming Y，Luca B，Jin D.2015.The effects of the high-speed railway on urban development: International experience and potential implications for China[J]. Progress in Planning, 98(2015):1–52.

表 3-2 源自：博士生殷铭整理绘制.

表 3-3 源自：王兴平，赵虎 .2010. 沪宁高速轨道交通走廊地区的职住区域化组合现象——基于沪宁动车组出行特征的典型调研 [J]. 城市规划学刊，（1）:85–90.

表 5-1、表 5-2 源自：笔者绘制.

表 5-3 源自：Ming Y，Luca B，Jin D.2015.The effects of the high-speed railway on urban development: International experience and potential implications for China[J]. Progress in Planning, 98(2015):1–52.